LA PESADILLA DE BRADBURY

Agustín Cortés Marcos

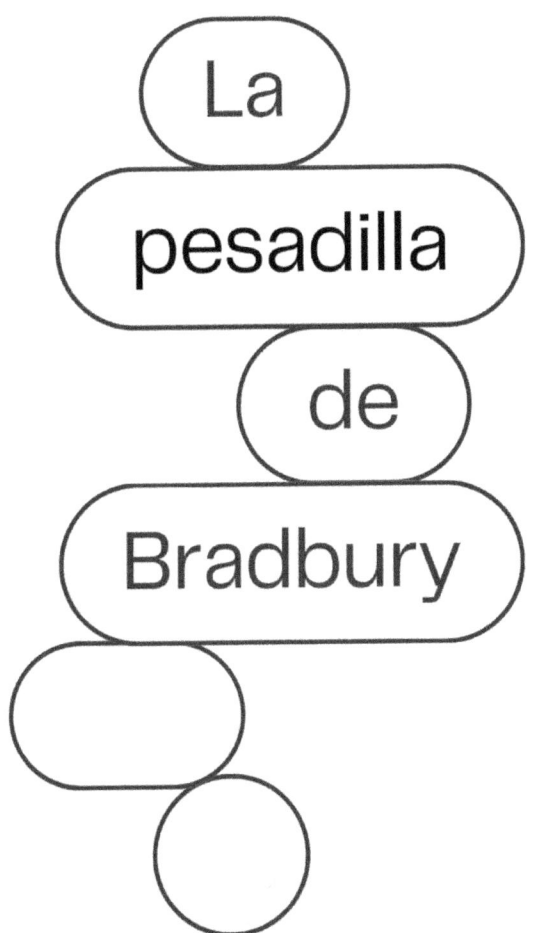

La pesadilla de Bradbury

LA PESADILLA DE BRADBURY
© 2024 Agustín Cortés Marcos
Todos los derechos reservados

Primera edición: 2024
ISBN: 9798326170576

Queda prohibida la reproducción total o parcial de esta obra por cualquier medio o procedimiento, comprendidos la reprografía y el tratamiento informático, la fotocopia o la grabación, sin la previa autorización por escrito del titular del copyright.

Publicado por Kindle Direct Publishing

No sé qué le pasa a la gente: no aprenden comprendiendo; aprenden de alguna otra forma, por la rutina, o de algún otro modo. ¡Qué frágil es su conocimiento!

Richard P. Feynmann, ¿Está usted de broma Sr. Feynman?

ÍNDICE

Introducción	*1*
Un hallazgo afortunado	*3*
Una foto de la consciencia	*11*
Darwin perplejo	*25*
HAL visita a Freud	*33*
Un extraño en la sombra	*39*
Ser o no ser	*47*
Usted primero	*53*
Cartas marcadas	*57*
Vendedor de coches usados	*61*
La construcción de una narrativa	*67*
La ética del pulpo	*73*
Asimov y el buen robot	*79*
Martians, go home!	*85*
Jünger y los insectos	*91*
Solo tenías que preguntar, muchacho	*101*

INTRODUCCIÓN

En una de las historias contenidas en *Crónicas Marcianas*, de *Ray Bradbury*, los marcianos nos conquistan con una estrategia especialmente artera: usando nuestra nostalgia contra nosotros. Vuelven en las mismas naves que fueron enviadas, previamente, por la Tierra a ese planeta años atrás. De ellas salen todos los exploradores que se dieron por perdidos. Sus familias, exultantes, los acogen. Todos saben que es imposible que sus hijos, maridos, padres... estén vivos. Pero aun así, la alegría del reencuentro lo ocupa todo y aparta cualquier duda. Una vez calmados todos los festejos, por la noche, ya ganada la confianza, los marcianos (todos esos supuestos hijos, maridos, padres…) dan el golpe maestro sin apenas resistencia.

Bradbury nos transmite, con su aliento poético, un estado de cosas que podría estar dándose con la súbita irrupción de la IA en nuestro día a día: algo aparece que alienta nuestra imaginación y nuestros sueños. Los anhelos más esperanzados parecen tener cabida en nuestro futuro inmediato. Cegados por ellos, no vemos los aspectos negativos que toda nueva tecnología trae. En este texto he intentado abrir el foco lo máximo posible para comprender en qué consiste y qué consecuencias puede tener este avance que nos ha tocado vivir.

UN HALLAZGO AFORTUNADO

Mis intereses son erráticos y caprichosos. En un momento dado, quise explorar las posibilidades prácticas de ChatGPT. Tuve esta inquietud por conocer los detalles de esta nueva herramienta.

Los Grandes Modelos de Lenguaje (*LLM*), como ChatGPT, se diseñaron originalmente para generar texto. Enfrentados a la tarea de hacer comprensible para un ordenador la información contenida en el lenguaje humano, los investigadores en IA descubrieron que el sentido de una palabra está determinado por los términos que la acompañan más a menudo. Esta idea ha sido una de las más fructíferas en este campo y para implementarla se representaron las palabras como «puntos» en una suerte de «espacio» abstracto. En los años 90 y 2000, surgieron tecnologías para lograr esto, destacando las redes neuronales[1]. En 2003, se publicó la primera aplicación de redes neuronales al modelado del lenguaje, que transformaba palabras en vectores dentro de ese «espacio». En la tarea de entrenamiento, a través de los conjuntos de datos que se proporcionan, los *LLM* van poblando este espacio con dichos puntos y reajustándolos hasta conseguir una organización acorde a la información que se les ha ofrecido. Su magia proviene de esta «sencilla» matemática.

En 2012 se demuestra que el escalado en recursos de una red neuronal aumenta su rendimiento, lo que lleva a alimentarlas con volúmenes de datos cada vez más gigantescos. En el 2014 se detalla el mecanismo de la *atención*[2], pero será en el 2017 cuando se presenta la arquitectura de los *transformers*[3], que integra esa propuesta. Es ahora cuando estos mecanismos toman por asalto el conjunto de la IA: hasta entonces cada

---

[1] Son modelos computacionales inspirados en el cerebro humano para reconocer patrones complejos en datos.
[2] Mecanismo en *transformers* qur asigna diferentes pesos a distintas partes de la entrada para capturar relaciones contextuales.
[3] Un tipo de arquitectura de deep learning que procesa datos en paralelo, eficaces para tareas de NLP.

ámbito de esa disciplina tiene su propio vocabulario y arquitectura: los trabajos en *NLP*[4] eran completamente diferentes a los de otras áreas de IA y lo mismo entre ellas. Es a partir de este año, la arquitectura *transformer* ocupa todos los ámbitos de de la IA, unificando terminologías y procedimientos. En el 2022 *OpenAI* comercializa el *ChatGPT*. Bastaron dos meses para llegar a los 100 millones de usuarios. Su uso está siendo tan intensivo que se estima que cada 14 días genera una cantidad de texto equivalente a toda la producción impresa de la humanidad.

En la investigación científica y la academia, los LLMs, han facilitado el análisis de grandes corpus de texto, ayudando en revisiones de literatura, análisis de datos y generación de hipótesis. También han sido utilizados en campos como el descubrimiento de fármacos, modelado climático y biología computacional.

Mis jugueteos con esta nueva estrella del rock estaban siendo interesantes, como poco. Le pedí textos sobre la evolución de la oración contemplativa en el catolicismo o de la relación entre psicoterapia y las *PSYOPS*[5], variando el tratamiento desde el tono profesional al abiertamente irónico. El resultado había

---

[4] Natural Language Processing, Procesamiento de Lenguaje Natural.
[5] *Operaciones Psicológicas*, tácticas utilizadas por servicios de inteligencia para influir en la percepción y comportamiento de grupos específicos

sido chocante: fueron textos sintácticamente impecables y conceptualmente brillantes. Muy inquietante. Las consecuencias de una comercialización de esta tecnología me asustaron. Buscando algo de luz en este aprieto, me atreví a preguntarle a la propia IA: «Redacta un texto de 4000 palabras donde se analicen las consecuencias a corto y largo plazo, de acuerdo con la historia y la ciencia política, de una descapitalización, en una sociedad, del recurso más habitual empleado por la población para ganarse la vida. Me refiero a la inteligencia, que la emergencia de una IA consigue que sea una habilidad ruinosa como herramienta de trabajo para la mayoría de la población, ya que esta tecnología ofrece alternativas mejores por una fracción del coste. Me interesan sobre todo conocer 4 actitudes y decisiones pragmáticas que permitan sortear la crisis.» La respuesta que obtuve me angustió hasta el punto de que me alejé de este moderno oráculo durante varias semanas.

Pero volví a él cuando la curiosidad me acució. Intenté algo muy básico; se trataba de crear un chatbot de *Telegram* utilizando la *API*[6] deChatGPT. Para no dejarlo en un experimento insípido, le añadí un poco

---

[6] Una *API* (Application Programming Interface, Interfaz de Programación de Aplicaciones) se define como un conjunto de reglas y definiciones que permite a diferente software comunicarse entre sí.

de humor y le doté de una personalidad bastante acusada: debía responder al usuario con cierto tono y usando ciertas muletillas verbales.

Estaba construido así: un proceso en *Make*[7] que lanzaba el texto tecleado en un bot hacia ChatGPT usando su *API*. El objetivo era responder con la voz de un personaje. Bastaban un par de adjetivos para dar un resultado aceptable. Fue la primera vez que descubrí el (pomposamente llamado) *Prompt Design*: la técnica para conseguir de ChatGPT un resultado preciso. Un *prompt* es una instrucción o pregunta que le das para que conteste de una forma específica y la calidad de la respuesta depende, en gran medida, de la calidad del *prompt* suministrado. Con una llamativa economía de medios, se lograba un resultado interesante. Eso siempre indica unas posibilidades enormes. Y estaba asombrado.

Usuarios de todo el mundo, como yo mismo, descubrieron que los *LLMs* al estilo de ChatGPT mostraban la habilidad de actuar impersonando a un personaje. Incluso las empresas comenzaron a explotar comercialmente estas capacidades. Era necesario un enfoque más elaborado.

Entonces, traté de diseñar un procedimiento que permitiera estandarizar el proceso de modelar un personaje: ¿qué elementos habría que tener en cuenta?

---

[7] Un software de automatización muy popular.

Encontré varios: la *personalidad*, claro, expresada en la forma en que la psicología ha encontrado para describirla desde un punto de vista científico: con algunos de los tests de personalidad más extendidos. También el *contexto*: es importante tener en cuenta que la descripción del entorno de un personaje es esencial para entender sus ideas y conocimientos, así como sus limitaciones.

Además, era importante describir la *motivación*, un factor crucial para lograr que un personaje tienda a la acción y se mueva en una dirección específica. En la psicología, la motivación se refiere a una fuerza interna del organismo que lo impulsa a actuar y perseguir objetivos específicos. Si los dos primeros eran elementos estáticos, este apuntaba a la parte dinámica.

Aunque los elementos anteriores son necesarios para describir un personaje, hay un área que debe ser definida explícitamente: el modo en que ese personaje usará el *lenguaje*. Es importante considerar si el personaje hablará un idioma u otro, si utilizará un vocabulario culto o popular, y cómo variarán las palabras y expresiones.

Estos parecían ser los cuatro aspectos imprescindibles para utilizarlos a la hora de escribir un *prompt* y generar un agente acorde a nuestros objetivos. La idea era enfocarse únicamente en el discurso escrito, dejando de lado los aspectos visuales y auditivos. Esto me apartaba de herramientas poderosas de construcción de la identidad. Sin embargo, la producción de elementos visuales y auditivos puede ser complicada y requiere de recursos adicionales. Por lo tanto, enfocarse en el discurso escrito permitía ahorrar tiempo y esfuerzo.

Pero, aun así toda la estructura me parecía seriamente incompleta. Tampoco me quedaba claro en qué sentido lo estaba. Oportunamente, poco después apareció el artículo *Generative Agents: Interactive Simulacra of Human Behavior*[8], donde esa intuición se explotaba de forma brillante y se mejoraba la arquitectura de los agentes hasta un nivel increíble. El objetivo de ese artículo era la construcción de un *Sistema Multiagente* (MAS) que explotara las posibilidades del ChatGPT para modelar conductas.

Un MAS, en el ámbito de la IA, es un sistema compuesto por multitud de agentes inteligentes que interactúan entre sí. Por agente, en este contexto, se entiende una entidad con dos características importantes: su capacidad para desarrollar una acción autónoma y para interaccionar con otros agentes, no en el sentido de mero intercambio de información sino en

---

[8] Park, J. S., O'Brien, J. C., Cai, C. J., Morris, M. R., Liang, P., & Bernstein, M. S. (2023). *Generative Agents: Interactive Simulacra of Human Behavior.* http://arxiv.org/abs/2304.03442

el de realizar interacciones de carácter social. Con estas características, resulta claro que estos MAS han resultado una opción para construir pequeñas sociedades virtuales.

En el artículo se definía en qué consiste la memoria de cada agente, cómo se ordenan los elementos que la componen, cómo se establece una función que recupere los elementos más pertinentes, cómo se puede implementar una función que genere nuevos contenidos cada vez más abstractos, cómo planifica el día un agente y algunos elementos más que permitían construir un pequeño mundo: *Smallville*[9].
Mi intención original, espoleada por este artículo, me acercó a toda la literatura desplegada alrededor de este tema, que es enorme, y me topé con toda una serie de temas que incrementaron la complejidad del asunto y me llevaron a comprender la ingenuidad de mi propósito.

---

[9] https://reverie.herokuapp.com/arXiv_Demo/

UNA FOTO DE LA CONSCIENCIA

Dos artículos académicos. El primero de abril de 2023, el último de mayo de 2024. Nunca había visto cómo un arco argumental se cerrara de forma tan perfecta, salvo quizás en la serie de televisión *Perdidos* (bueno, bueno… olvidemos este último comentario… lo de *Perdidos* quizá no fue tan perfecto).

Mi descubrimiento del ChatGPT me llevó rápidamente a un hecho inesperado: la constatación de la enorme facilidad con la que nuestro «interlocutor» podía transformarse en un personaje. Es decir, mediante *prompt engineering*, prestar elementos de historia, personalidad y motivaciones de un personaje ficticio de forma que el *LLM* simulaba dicha personalidad en nuestras interacciones con él. ¡Es que era muy fácil!

Esta súbita transformación del *LLM* en un agente conversacional nos lleva a viejos dilemas: parecería que razona… ¿podemos sospechar que estamos ante algún tipo rudimentario de consciencia o es una mera ficción ante la que nuestro cerebro, con sus expectativas, nos está jugando una mala pasada? ¿Lo estamos antropomorfizando? ¿Estamos creando únicamente una sofisticada interfaz de usuario? Sin lenguaje no hay consciencia ni subjetividad: no podemos suponer una consciencia allí donde no percibimos un lenguaje (y este es nuestro problema con los animales). Pero tampoco podemos suponer una consciencia donde solo hay lenguaje (y este es nuestro problema con los *LLMs*). Por último, lo que no podemos de ninguna manera es inventar un lenguaje donde pensamos que puede haber una supuesta consciencia lista para ser descubierta (y esta es mi reserva con el novedoso concepto de consciencia exótica[10]). Entonces, si lo que percibíamos en los *LLMs* no es consciencia, ¿lo que le falta para conseguirla es un tema de grado? ¿Basta con hacerla más eficiente y destinar más recursos? ¿O deberíamos incluir

---

[10] Shanahan, M. (2024). *Simulacra as Conscious Exotica*. http://arxiv.org/abs/2402.12422

una característica nueva, un elemento que está ausente en esa simulación? ¿Qué diferencia esta mímesis de la verdadera consciencia, de esta actuación a conseguir una conducta real? Es lo que traté de aclararme a lo largo de este texto.

Llegué entonces a este paper: *Generative Agents: Interactive Simulacra of Human Behavior*[11]. Como comenté, los autores se ocuparon en llevar a la práctica la idea de utilizar el *LLM* para simular un ser humano. Consiguen lograr con éxito una simulación más cumplida. Diseñaron para ello una arquitectura cognitiva compleja con memoria, funciones para recordar o planificar. Con una capacidad incluso para transformar los sucesos y pensamientos que iban ocurriendo en ideas más abstractas o genéricas. Con capacidad de interactuar entre ellos y dar lugar a nuevas situaciones inéditas. Todo con una economía de medio que no enmascaraba la complejidad del intento.

El resultado era espectacular. Los agentes hacían su vida diaria, se visitaban entre ellos, organizaban fiestas o se postulaban para alcalde. Vivían una vida extrañamente normal para no ser personas.

Pasado el tiempo, el artículo ha quedado como un elemento fundacional de una perspectiva que ha

---

[11] Park, J. S., O'Brien, J. C., Cai, C. J., Morris, M. R., Liang, P., & Bernstein, M. S. (2023). *Generative Agents: Interactive Simulacra of Human Behavior.* http://arxiv.org/abs/2304.03442

impulsado la investigación en el campo de la IA: la oportunidad para utilizar los *LLM* no como herramientas para tareas concretas, sino como núcleo con el cual desarrollar finalmente un agente inteligente.

En él, también se lograba, en cierta forma, reconstruir la estructura (a nivel funcional) de nuestra mente. Claro, al simular la conducta humana, se logra, de manera oblicua, una explicación de cómo dicha conducta se produce. Es una idea que viene de lejos en psicología cognitiva: una simulación tiene el rango de teoría y propone una explicación de cómo funciona el suceso simulado.

Este es el territorio de las arquitecturas cognitivas, basadas en el supuesto de que las mentes son entidades computacionales que pueden ser implementadas por estructuras físicas muy diferentes. De esta manera, campos como la psicología cognitiva, la neurociencia o la inteligencia artificial pueden nutrirse de un fondo teórico común que sirva de comunicación entre los esfuerzos de cada una de esas disciplinas por separado.

En realidad, este fondo común ha existido desde hace décadas: *Thorndike*, que publicó en 1905 su libro *Elementos de Psicología,* fue una de las figuras clásicas de la historia de esa disciplina por su estudio de los mecanismos del aprendizaje. Su interés por este tema fue tomado por los primeros investigadores de la IA (con *Turing* como un notable ejemplo), que comprendieron que era más fértil implementar un sistema que fuese aprendiendo a jugar un juego que programar de forma algorítmica el dominio completo de comportamientos posibles. Pues bien, este interés por el aprendizaje por refuerzo, rescatado para el diseño de sistemas de machine learning de las décadas de los 70 y 80, dio lugar a éxitos como el método de diferencias temporales (o TD-learning). Ese mismo algoritmo del TD-learning sirvió para revelar el rol de la dopamina en el circuito cerebral del aprendizaje y motivación.

Entonces, el concepto de arquitectura cognitiva, que básicamente intenta describir cómo está organizada nuestra mente, viene del ámbito de las computadoras. Fue *Stone*, en 1980, quien las definió así: «la arquitectura de computadoras es la disciplina dedicada al diseño de computadoras altamente específicos a partir de una colección de bloques fundamentales comunes». Es decir, se refiere al diseño abstracto de los componentes con los que la percepción, el juicio o la acción se componen: sus funcionalidades, interfaces e interconexiones.

En el origen de este tipo de esfuerzos está *Allen Newell*, quien en los 90 propuso la creación de un modelo genérico de la cognición. Fue un éxito, pues generó multitud de modelos diferentes que intentaron explicar cómo funciona la mente, como si todos procuraran resolver el mismo rompecabezas, pero con distintas ideas de cómo debe verse la imagen final. La esperanza de un único modelo se agotó pronto mientras afloraba un poblado catálogo de arquitecturas cognitivas: en psicología cognitiva tenemos *ACT-R*, *Clarion* o *LIDA*; en IA, existen *Soar* y *Sigma*; en neurociencia, *Leandra* y *Spaun*; en robótica, *4D/RCS* o *DIARC*. Tal falta de consenso lastra el avance y pone en cuestión la eficacia explicativa de esta propuesta. La forma de construir estas teorías no proviene de un examen minucioso de la realidad, sino de una reconstrucción de las condiciones mínimas bajo las cuales la conducta podría darse, agrupando las diferentes funciones mentales en módulos. Es una reconstrucción que puede darse de múltiples formas y, por ello, es inevitable su expresión en diferentes modelos. La unificación tan deseada vendría dada por un criterio pragmático más que por la fidelidad a la realidad.

La respuesta dada a esta objeción por parte de los partidarios de estas arquitecturas viene de señalar un elemento esencial de ellas. Y es que todas las arquitecturas no son otra cosa que los lenguajes de programación para estos robots: el nivel de abstracción y detalle de cada uno puede variar, pero no su computabilidad. Ya se demostró que, mientras un lenguaje tenga estructuras que permitan secuenciaciones, iteraciones y condicionales, puede procesar la clase completa de funciones computables y, por lo tanto, resultan equivalentes a cualquier otro. Esto es similar a cómo, aunque hablemos diferentes idiomas como el español o el inglés, podemos expresar las mismas ideas, pero de distintas maneras.

Fundido en negro.

A medida que ha pasado el tiempo, los LLMs se han convertido en un elemento imprescindible y central en el diseño de agentes conversacionales. Es entonces cuando aparece este segundo paper: *Agent Hospital: A Simulacrum of Hospital with Evolvable Medical Agents*[12].

Los LLMs han alcanzado multitud de logros, pero siempre necesitaban un entrenamiento intensivo. Se les enseñaba a predecir la siguiente palabra en un texto, en base a grandes cantidades de información y, con posterioridad a eso, se realizaba un ajuste fino minucioso para lograr que pudiera seguir instrucciones

---

[12] Li, J., Wang, S., Zhang, M., Li, W., Lai, Y., Kang, X., Ma, W., & Liu, Y. (2024). *Agent Hospital: A Simulacrum of Hospital with Evolvable Medical Agents.* http://arxiv.org/abs/2405.02957

y recibir feedback. Las tareas de cierta complejidad exigen un nuevo entrenamiento para resolverlas, y el gigantesco volumen de datos que necesitaba y la necesaria supervisión por parte de seres humanos la hacía costosa o casi inabordable.

Por ello, la aparición de estos intentos de lograr agentes capaces de mejorar por sí mismos, que de forma autónoma refinan y mejoran sus habilidades. Representa un hito importante que rompe muchas concepciones tranquilizadoras sobre un avance más pausado en el ambito de la IA.

Así, esta iniciativa que cristaliza en la volcánica comunidad de investigadores de la IA. Hasta ahora se habían utilizado los agentes para realizar una tarea o para role playing. Surgió la intuición de usar la simulación de dinámicas sociales como estrategia de entrenamiento con la que perfeccionar las habilidades del LLM en un ámbito determinado o una tarea concreta. La pregunta que trataban de responder es: ¿puede el proceso de simulación mejorar el rendimiento del LLM?

Lo que idearon para ello, en el artículo, es entrenar agentes «doctores» para gestionar tareas de carácter médico como realizar un diagnóstico o recomendar un tratamiento. El uso que venía haciéndose de la IA cuando se trataba de integrar en estos ámbitos era mediante un entrenamiento o ajuste fino del LLM. La propuesta que hace el *paper* es muy original: entrenamos a una IA simulando interacciones médico-paciente en un entorno que simule un hospital.

Cuál fue su sorpresa al ver que, incluso sin proveerles de datos etiquetados, la pericia de esos médicos-agentes se incrementaba, lo que podría demostrar que un agente puede aprender de forma autónoma si lo dejamos en un entorno adecuado donde pueda simular la tarea objetivo. Tras tratar unos diez mil pacientes, tarea a la que un médico humano puede llevarle más de dos años, el agente lograba un acierto de más del 90%.

Esto demostraba la curiosa tendencia de mejora cuando se forzaba a un LLM a crear un personaje y permitirse simular la conducta humana. De hecho, mejoraba el rendimiento en diferentes tipos de tareas, por ejemplo de razonamiento.

Los aplausos que genera tal hallazgo se congelan cuando, con posterioridad, se descubre que en el momento en que asignamos personas a un LLM para un role-play, aparecen nuevos efectos no esperados. Independientemente del probado incremento en su rendimiento, también salen a la luz todo tipo de sesgos cognitivos[13]. En ciertas versiones de LLMs su aparición era ubicua. En otras, menos frecuente. En todas, presente. Sesgos relacionados con la raza, situación social, creencias religiosas, etc. y que habían sido controlados en su diseño a través de políticas de contención. Sin embargo, si se indicaban de forma implicita, salian a la luz. Por ejemplo, personificar seres humanos pertenecientes a grupos con prejuicios sociales penalizaba el rendimiento, que se mostraba inexplicablemente bajo. Y esto era porque el LLM realizaba asunciones sobre la persona de forma prejuiciosa.

Esto generó una profunda preocupación sobre lo que sucede detrás de estos sistemas: ¿cómo realmente funcionan los LLMs para mostrar este tipo de conducta sorprendente?

Esa mirada a las entrañas de estos sistemas ya venía siendo habitual para tratar cierto tipo de incógnita: descubrir el patrón de aparición de las características emergentes[14]. De vez en cuando en las redes neuronales, aparecían de forma abrupta nuevas

---

[13] Gupta, S., Shrivastava, V., Deshpande, A., Kalyan, A., Clark, P., Sabharwal, A., & Khot, T. (2023). *Bias Runs Deep: Implicit Reasoning Biases in Persona-Assigned LLMs.* http://arxiv.org/abs/2311.04892

[14] Nanda, N., Chan, L., Lieberum, T., Smith, J., & Steinhardt, J. (2023). *Progress measures for grokking via mechanistic interpretability.* http://arxiv.org/abs/2301.05217

habilidades, cualitativamente diferentes al resto, consecuencia de un incremento de los recursos invertidos en su entrenamiento; sea por parámetros, datos de entrenamiento o intensidad de este. Son las denominadas leyes de escala. Sin embargo, la arbitrariedad en los tiempos de aparición de estas habilidades y la incapacidad de predecir su despliegue inquietaba a los investigadores que buscaron métricas con las que tasar el progreso de una red neuronal y cuándo sería esperable la aparición de una nueva funcionalidad emergente.

La forma de investigar estos hechos no podía ser otra que centrarse en las estructuras internas de la red neuronal. De nada sirve evaluarlas en base a su rendimiento en una tarea concreta, dado que su naturaleza de caja negra impide conocer si la solución que aprendió es la adecuada.

Necesitamos métodos para interpretar estas estructuras internas. Así, los cálculos de las redes neuronales pueden ser descritos de manera comprensible para los humanos.

Esta interpretabilidad del interior de una red neuronal, lejos de ser un lujo para dilucidar sucesos como las funcionalidades emergentes, es una necesidad con la que evitar, por ejemplo, cosas como la aparición de sesgos prejuiciosos en el proceso de razonamiento ante una personificación en un LLM, es decir: evitar la posibilidad de un uso malicioso de estos sistemas de IA debido a que nuestro desconocimiento de este nos impide prever de forma correcta su funcionamiento.

Se han catalogado multitud de métodos diferentes que se han utilizado para hacer interpretables estas estructuras. Ordenados según el elemento de la red neuronal sobre el que recae la investigación se han identificado métodos basados en los *pesos*, en *neuronas*[15], en *subredes* o en *representaciones*. El abanico de perspectivas es amplio.

Estudiar estas estructuras internas reveló un sorprendente descubrimiento: la similitud de las representaciones de aprendizaje en diferentes redes neuronales. Sin importar el dominio del conocimiento, el objetivo del entrenamiento o los datos utilizados, las representaciones eran notablemente similares. Ese hecho, que se daba con más fuerza en grandes modelos que en los pequeños, se denominó convergencia referencial[16]. Incluso alcanza a estructuras biológicas, como el sistema visual humano.

Como explicación de este chocante hallazgo se invoca la metáfora de la cueva platónica con la que comprender que se esté alcanzando cierta estructura

---

[15] Entendiéndolas como las unidades individuales en las diferentes capas de una red neuronal.

[16] Huh, M., Cheung, B., Wang, T., & Isola, P. (2024). *The Platonic Representation Hypothesis*. http://arxiv.org/abs/2405.07987

estadística de la realidad que todos los sistemas de IA no pueden sino reflejar.

Otra perspectiva sobre este mismo fenómeno se apoya en el hecho de que los sistemas biológicos son altamente eficientes y este carácter restringe la forma en que se codifica la información. Lo que lleva a alinear su representación en aquellos sistemas que compartan, en su diseño, este mismo principio rector, independientemente de que sean biológicos o artificiales.

El estudio de estas regularidades ha llevado al descubrimiento de su expresión matemática mediante la transformada de Fourier. Utilizada originalmente para el tratamiento de señales, su aparición una y otra vez en la interpretación de las representaciones de las redes neuronales permitió esbozar una teoría algebraica de las mismas.

El actual desarrollo de la IA nos ha permitido imaginar que es posible algo como una teoría matemática de las representaciones en sistemas de aprendizaje[17] como los LLMs. Como ocurría en las arquitecturas cognitivas, se dota de unos fundamentos comunes a la psicología, los sistemas de información y la neurociencia. A diferencia de aquellas, estos avances

---

[17] Marchetti, G. L., Hillar, C., Kragic, D., & Sanborn, S. (2023). *Harmonics of Learning: Universal Fourier Features Emerge in Invariant Networks.* http://arxiv.org/abs/2312.08550

en la comprensión de las redes neuronales se encuentran radicalmente arraigados en la realidad, que es la que nos indica el camino.

DARWIN PERPLEJO

En su origen, el análisis de los personajes animados de Disney introdujo una distinción vital que ha tenido un profundo impacto en el desarrollo posterior de los *agentes*. En él, se diferenciaba por primera vez entre *credibilidad* y *realismo* a la hora de su diseño. Es decir, los personajes no necesitaban parecerse exactamente a la realidad o ser «realistas» en un sentido físico o anatómico. En cambio, debían ser «creíbles», es decir, aunque no parecieran reales, su comportamiento y expresiones debían ser consistentes y convincentes en el contexto de su mundo particular. Es Mickey Mouse; aunque no se vea como un ratón real, su comportamiento y personalidad hacen que creas en él y en sus aventuras.

Esta idea, aunque nacida en el mundo del entretenimiento, encontró una resonancia profunda en la creación de personajes virtuales y agentes en el ámbito de la inteligencia artificial. La necesidad de diseñar entidades que no necesariamente replicaran la realidad exacta, sino que exhibieran coherencia, personalidad y credibilidad dentro de su contexto, se convirtió en una piedra angular en la evolución de la inteligencia artificial y la simulación de agentes autónomos.

La idea de credibilidad, tal como se aplicó en Disney, abrió la puerta a una comprensión más rica y matizada de cómo las entidades virtuales podrían interactuar con los seres humanos. En lugar de enfocarse únicamente en la réplica precisa de la realidad, los desarrolladores y diseñadores comenzaron a explorar cómo la creación de personalidades creíbles, expresiones emocionales y motivaciones podría enriquecer la interacción y la inmersión, tanto en entornos virtuales como en la interacción con agentes autónomos. La emoción y la personalidad son esenciales porque ayudan a que estos agentes sean más comprensibles y atractivos para nosotros, humanos.

Aunque solo sean máquinas, la idea es que interactuemos con ellas como si fueran más humanas.

El concepto de *agente creíble* no solo emergió como una idea intuitiva, sino que fue formalmente definido y analizado en la década de 1990. Este paso crucial en su conceptualización fue liderado por académicos y profesionales en el campo de la inteligencia artificial y la interacción humano-computadora.

En particular, el término fue articulado por primera vez por investigadores como *Joseph Bates*, quien contribuyó no solo a su implementación práctica sino también a su definición teórica. Bates y su equipo en la Universidad Carnegie Mellon se enfocaron en describir a un agente creíble como un personaje virtual autónomo que exhibe comportamientos y emociones humanos, interactuando de manera coherente con su entorno. Combinando inteligencia artificial, narrativa, psicología y arte, Bates ayudó a dar forma a un nuevo enfoque interdisciplinario para la creación de una nueva especie de entidades virtuales.

Esta definición se formalizó en varios artículos científicos y conferencias, donde se delinearon las características clave de un agente creíble, incluyendo su autonomía, su capacidad para emular la conducta humana y su habilidad para interactuar con su entorno de una manera que refleje una cierta inteligencia y comprensión emocional.

La formulación de esta definición no fue un simple ejercicio teórico; fue una respuesta a la necesidad emergente en el campo de la inteligencia artificial de entender cómo los sistemas informáticos podrían interactuar con los seres humanos de una manera que fuera no solo eficiente sino también atractiva y comprensible.

Determinar la credibilidad de un agente virtual ha sido un reto constante desde los albores de su concepción. El concepto, siendo intrínsecamente subjetivo, exige un cuidadoso análisis y una definición meticulosa. A lo largo de los años, los expertos en el campo han intentado establecer *métricas cuantificables* para medir la credibilidad de estos agentes. Estas métricas son herramientas o criterios utilizados para evaluar hasta qué punto consideramos «creíble» a un agente. Aunque es subjetivo, hay patrones y elementos comunes que la mayoría de las personas considera al juzgar la credibilidad.

Los elementos necesarios que deben estar presentes para que esto ocurra son: una personalidad reconocible, la expresión de emociones (de forma acorde a su personalidad, al contexto de la situación y a su historia), motivación (capacidad para perseguir objetivos) o la posibilidad de cambiar a lo largo del tiempo (de manera acorde a su personalidad) y una aceptable capacidad para interactuar con otros. La necesidad de reconocer en el agente cierta conciencia de sus estados internos y de su entorno ha sido un rasgo del que se ha señalado su importancia en los últimos tiempos. Además, han de mostrar cierta destreza en el uso del lenguaje.

En su implementación, sin embargo, se han encontrado enormes problemas. Para empezar, se exigía una excesiva simplificación del entorno o del dominio de conductas, con el fin de hacer el esfuerzo más factible a nivel de recursos.

Las aproximaciones basadas en reglas fueron una de las primeras metodologías en la creación de agentes. En las siguientes iteraciones se utilizaron tecnologías sucesivamente más elaboradas como los sistemas expertos, la inclusión de técnicas de aprendizaje automático.

Con la aparición de las *arquitecturas cognitivas*, se diseñaron modelos para que una infraestructura básica de carácter genérico pudiera gestionar un amplio abanico de funciones cognitivas. Las *arquitecturas cognitivas* son como esquemas o plantillas que intentan emular cómo piensan y actúan los seres humanos, dándole a los agentes habilidades similares a las nuestras en términos de pensamiento y acción. Proporcionan un marco y herramientas para el diseño de agentes que emulan aspectos de la cognición humana.

Sin embargo, era un problema abierto al que la aparición de los LLMs ha ofrecido una oportunidad de ser reexaminado. Estos modelos son esencialmente software diseñado para entender y generar lenguaje humano. Su desarrollo ha sido importante porque ofrecen una capacidad avanzada para interactuar de manera natural y creíble, acercándose más a cómo un ser humano real hablaría o respondería.

El campo de los agentes creíbles ha experimentado una transformación significativa. Los LLMs superan varios desafíos que limitaban las aproximaciones anteriores en la creación de agentes creíbles. Por un lado, con su capacidad para comprender y generar lenguaje humano de manera coherente, han proporcionado una herramienta vital para la creación de agentes que pueden interactuar con los humanos de manera más natural y creíble. Esta habilidad es crucial para crear una sensación de presencia viva y consciente en el agente. Ademas, a diferencia de los métodos basados en reglas o sistemas expertos que pueden ser rígidos y limitados, los LLMs permiten una mayor flexibilidad en el comportamiento del agente. Pueden adaptarse a diferentes contextos y aprender de nuevas experiencias, permitiendo una representación más rica y dinámica de la personalidad y la emoción del agente.

De la misma manera, el reconocimiento de emociones, para el que usaban técnicas de deep learning como las redes neuronales habían tenido cierto éxito, pero adolecían de grandes carencias ya que estában limitados a dominios concretos y carecían de capacidad de generalización y adaptabilidad.

Veremos agentes cada vez más sofisticados y creíbles, capaces de interactuar con nosotros de manera más humana y personal. Pareceria que estamos creando un rostro a la IA, cuando en realidad, estamos creando un UI[18] con el que la IA pueda interactuar con nosotros de forma precisa.

---

[18] User Interfaz, Interfaz de usuario.

HAL VISITA A FREUD

Recientemente se ha demostrado la utilidad de utilizar la psicología para estudiar modelos de IA cuya complejidad creciente impide su análisis solo a partir de su diseño[19]. Esto significa que la necesidad de evaluar su desempeño ha llevado a los investigadores a utilizar las mismas pruebas que la psicología cognitiva diseñó para evaluar en humanos temas como el razonamiento o la toma de decisiones. Yendo más lejos, para algunos, resulta legítimo atribuir deseos o creencias a los agentes. *Daniel Dennett* bautizó

---

[19] Binz, M., & Schulz, E. (2022). *Using cognitive psychology to understand GPT-3*. https://doi.org/10.1073/pnas.2218523120

como *sistemas intencionales* a este tipo de entidades cuyo comportamiento puede predecirse mediante el subterfugio de atribuirles deseos, emociones y juicio racional. Esto requiere la presencia de cierta complejidad y nuestro desconocimiento de la estructura de esas entidades: rozaría el animismo utilizar esta perspectiva para describir el funcionamiento de un termostato. Pero para un agente resultaría justificable siempre y cuando resultara en una capacidad predictiva razonable. Y mientras no lo tomásemos por una descripción legítima en lugar de lo que es, un atajo metodológico.

Se recurre a este tipo de ayudas para explicar cosas como la emergencia espontánea de habilidades como la aparición en estos LLMs, de una *Teoría de la Mente* (ToM), es decir, la capacidad de identificar o imaginar estados mentales o emocionales en otros[20].

Las *leyes de escala* son principios en el campo de la inteligencia artificial que indican cómo ciertas métricas o características de los grandes modelos de lenguaje cambian a medida que varía el tamaño de los datos de entrenamiento o la cantidad de recursos computacionales utilizados.

Y es que el rendimiento de los LLMs mejora de forma predecible de acuerdo con su escalado, es decir,

---

[20] Kosinski, M. (n.d.). *Theory of Mind May Have Spontaneously Emerged in Large Language Models.* https://osf.io/csdhb.

relacionando la calidad del modelo con el número de parámetros y datos de entrenamiento[21]. Esta mejora trae nuevas capacidades a ciertos umbrales de rendimiento, como la capacidad para realizar cálculos aritméticos, que emergen repentinamente y sorprenden incluso a sus creadores. Ejemplos de funcionalidades emergentes en los LLMs incluyen la traducción automática precisa, generación de contenido creativo, respuestas precisas a preguntas, generación de código, detección de sentimientos en el texto, y clasificación de texto en categorías específicas. Estas capacidades, a menudo descubiertas tras el lanzamiento público de los sistemas, sugieren un potencial aún mayor.

Así pues, la presencia de una *ToM* en una IA es esencial para la comunicación efectiva y la cooperación con otros. Esta habilidad, como hemos dicho, permite atribuir estados mentales como creencias, emociones, deseos o intenciones a otros para saber cómo afectarán su conducta. GPT-4 parece ser bastante hábil para razonar acerca de los estados mentales ajenos y manejarse en situaciones nuevas que posiblemente no se hayan presentado antes.

---

[21] Kaplan, J., McCandlish, S., Henighan, T., Brown, T. B., Chess, B., Child, R., Gray, S., Radford, A., Wu, J., & Amodei, D. (2020). *Scaling Laws for Neural Language Models*. http://arxiv.org/abs/2001.08361

Asimismo, la capacidad de explicar la propia actuación es un aspecto importante de la inteligencia; no solo es una forma de comunicación, sino también de razonamiento, e implica la presencia de una ToM tanto de uno mismo como del interlocutor. El problema es que GPT-4 no tiene un único self que persista a lo largo de diferentes ejecuciones, sino que, como modelo de lenguaje, simula ciertos procesos a partir del input dado y puede generar outputs muy diferentes dependiendo del tema, los detalles y la redacción de la pregunta.

Pero el problema en este intento de sentar un mecanismo común es que, en último término, hay una heterogeneidad básica y radical entre la cognición humana y un «pensamiento» de una IA, puesto que el primero carece de extensión, a diferencia del segundo, que sí se puede señalar su naturaleza en forma de impulsos eléctricos o bits de información. En términos abstractos, un pensamiento es una unidad de cognición o una representación mental de algo que se experimenta, se imagina, se recuerda o se concibe en la mente. Un pensamiento puede ser algo tan simple como la percepción de un color o una forma, o algo tan complejo como una reflexión filosófica sobre la naturaleza de la realidad. Puede ser un recuerdo del pasado, una idea sobre el presente o un plan para el futuro. Puede ser concreto (como una imagen mental de un objeto específico) o abstracto (como un concepto o una idea). La diferencia fundamental es que un pensamiento no es una cosa, solo puede definirse como un juicio negativo infinito (indicando que no es esto, ni aquello, ni lo de más allá…). No posee extensión y, por lo tanto, no puede manipularse. En cambio, el output de una IA tiene existencia física, ya como impulsos eléctricos o como cadena de caracteres. En efecto, un pensamiento, en su forma más pura, no tiene existencia física. Los pensamientos son fenómenos internos, subjetivos y conscientes. Son experiencias que ocurren dentro de nuestra mente y que no tienen una presencia física concreta en el mundo. La IA, por otro lado, opera en el ámbito de lo físico: produce resultados concretos, ya sea en forma de impulsos eléctricos, cadenas de texto o cualquier otro tipo de output. Estos resultados existen en el mundo físico y pueden ser medidos y manipulados.

Tal diferencia de base nos apunta a que estamos hablando de dos fenómenos que no podrán asimilarse nunca. Simplemente son cosas diferentes.

Me gustaría referirme a la actividad desarrollada por una IA destinada a la interacción con otro sujeto digital o humano, como *actuación* y no como *conducta*. Ambos requieren del aparato de la psicología para su análisis, pero no debemos olvidar que, pese a su gran solapamiento, son fenómenos diferentes. En efecto, aunque podría haber cierta similitud superficial entre la conducta humana y la conducta de una IA, es importante tener en cuenta que no son fenómenos equivalentes: la conducta humana está influenciada por diversos sistemas biológicos, como el sistema nervioso o las diferentes estructuras sensoriales. Estos sistemas interactúan de manera dinámica para dar lugar a nuestro comportamiento, que tiene una base fisiológica muy compleja. En contraste, el de una IA no tiene una base fisiológica como tal, ya que se basa en algoritmos y reglas de decisión.

Asimismo, es importante destacar que la conducta de un LLM se ha forzado a imitar la conducta humana solo en aquellos aspectos que se han considerado importantes para el propósito específico para el que se ha diseñado. Su conducta, entendida como emulación de la actividad humana, es, en realidad, un subconjunto de su actividad total: aunque ha sido programada para emular ciertos aspectos de la conducta humana, esta imitación es solo un subconjunto de su dominio, que puede ser mucho más amplio y diverso. Dado todo esto, me parece útil distinguir entre actuación y conducta, poniendo límites a la voluntad de hacer equivalentes a fenómenos de bases materiales muy diferentes.

UN EXTRAÑO EN LA SOMBRA

Desde que los LLMs al estilo de ChatGPT se han popularizado, se ha provocado el desarrollo de una nueva generación de agentes conversacionales, con una irresistible capacidad para sugerirnos la existencia de una consciencia tras ellos, de tan humanos que nos parecen. Nos confunden de tal forma que parece casi plausible plantearse realizar un retrato psicológico al nuevo compañero.

En efecto, recientemente se le administró a ChatGPT una completa batería de tests psicológicos con el fin de recoger sus características, rasgos y valores culturales. Buscaban identificar no solo la puntuación individual de cada dimensión sino el patrón que emerge de la composición de todas ellas. Se le administraron en total unos 44 cuestionarios que recogían medidas de cuatro ámbitos: características individuales, interacciones sociales, carrera profesional y experiencias vitales.

Los resultados presentaron un perfil para estos LLMs con características psicológicas propias. Presentaban diferencias significativas respecto a los seres humanos y estas diferencias no se expresan en una única dirección sino en varias, presentando un perfil psicológico único. De acuerdo con los resultados, ChatGPT puede caracterizarse como una entidad con fuertes habilidades sociales, autocontrol y tendencia a un desempeño laboral proactivo y una visión del mundo positiva, con un débil sentido de sí mismo y del ambiente, así como una tendencia a seguir las normas sociales.

Todo esto tendría sentido si ChatGPT tuviese tal cosa como un self permanente, pero parece que no es así. Quizás convendría replicar estos resultados a lo largo del tiempo para comprobar hasta qué punto señalan una tendencia real o son solo valores puntuales sin continuidad y en una siguiente oportunidad los resultados serían otros.

Pudiera ser que esta búsqueda de una estructura psicológica para estos LLMs sea consecuencia de la tendencia humana a dotar de personalidad a nuestras percepciones, de tal forma que proyectamos una consciencia en nuestras interacciones con un agente conversacional cuando, quizá, no haya nada de esto. En efecto, esa tendencia es lo que ha llevado a confundir una conducta de un ser humano (con deseos y creencias, sujeto de una consciencia) con la actuación de una IA, donde más que existir una consciencia parece haber una compleja operativa para trasladar al interlocutor los datos con los que pueda inferir tal cosa en dicho sistema.

Pero podemos preguntarnos legítimamente si este gap entre lo que es un sujeto de una consciencia (tenga base biológica o de silicio, eso nos da igual) y lo que es un mero simulacro que trata de emular una conducta humana puede ser superado.

¿Cómo podremos detectar una consciencia? ¿Es esto posible? No ayuda una perspectiva dualista, porque en ella la consciencia se convierte en un elemento inaccesible para cualquiera que no sea uno mismo, recinto amurallado, oculto a otros. Accesible solo mediante la introspección. Es inevitable acabar atrapado en el solipsismo, en un callejón sin salida.

Perspectivas más recientes han señalado otra opción. Para detectar una consciencia en una entidad en la que sospechamos que puede darse es necesario *diseñar un encuentro*. Por diseñar un encuentro se entiende ubicarnos en un espacio de la realidad en el que dicha entidad y su entorno estén accesibles para nosotros. Comenzaríamos a mostrarnos como una presencia disponible en dicho entorno común, de la misma manera que dicha entidad lo está para nosotros. Es el momento entonces de interactuar con los elementos de dicho mundo y percibir las reacciones de dicha entidad a la espera de detectar una acción con propósito y utilizar ese elemento como un primer punto de encuentro con el que lograr algún tipo de comunicación[22]. Así podría ocurrir con un alienígena.

No sería el caso con un agente conversacional ya que tendríamos ese gran elemento para comunicarnos que sería el lenguaje. El lenguaje como indicador relevante en esa búsqueda de una consciencia. Como pista prioritaria. Sin embargo, resulta necesaria pero no suficiente. Y es que, en cierto momento, puede resultar una vía impracticable y hayamos de volver a la opción de un encuentro con alienígenas al enfrentarnos a una IA en el futuro próximo.

---

[22] Shanahan, M. (2024). *Simulacra as Conscious Exotica*. http://arxiv.org/abs/2402.12422

En efecto, hay sistemas de IA que, por su función, necesariamente deben ofrecer un texto comprensible. Aquellos que buscan clasificar una imagen, por ejemplo. La salida será un texto donde se nos indique la categoría de la imagen que le ha servido de input. Pero otros no tienen por qué comportarse así. Aquellos en los que, por ejemplo, se les plantee un problema muy complejo y se les alimente con enormes cantidades de datos. Dicho sistema podría, en principio, identificar uno o varios factores determinantes para los cuales no existan categorías o conceptos en nuestro lenguaje y por ello haya de fabricar otro nuevo. La IA podría, tal vez, representar estas nuevas categorías como mapas mentales, es decir, como estructuras con multitud de elementos relacionados. Basta con que, por algún motivo, encuentre más conveniente expresar estos mapas mentales en un espacio no euclidiano para que estas representaciones nos resulten totalmente incomprensibles[23].

Pero, para mayor preocupación, no es necesario que el sentido sea expresado de una forma bizarra. Puede también usar la sintaxis del inglés o el castellano, pero a nivel semántico apuntar en una dirección nueva. Por ejemplo, un sistema que clasificase tumores podría

---

[23] Cappelen, H., & Dever, J. (n.d.). *AI with alien content and alien metasemantics*. https://arxiv.org/pdf/2405.19808

respondernos ante la muestra de una fotografía de uno en particular con la palabra: «benigno». Nosotros podríamos suponer que se refiere al pronóstico de este y, sin embargo, la IA podría estar refiriéndose a un pantone específico que esa imagen comparte con otras. Es decir, podría estar expresando contenido propio con nuestras palabras.

Parece necesario indagar, aunque sea de forma breve, la relación que puedan tener las respuestas devueltas por un LLM con la verdad, de forma más filosófica de lo que veníamos haciendo. En este sentido, podemos examinar el problema dándole la vuelta y tratando de extraer el verdadero significado de la falsedad en la que puede caer la información devuelta por un LLM.

Una falsedad puede tomar diferentes formas: puede ser una mentira, una «alucinación» o, en una tercera categoría, mera cháchara. Tenemos que aclarar esto.

Para ello, debemos entender qué son en esencia los LLMs. Como ya se ha comentado, son sistemas especializados en predecir la probabilidad de aparición de una palabra dado un texto. Esto significa que cuando preguntamos «¿Quién descubrió América?» y el LLM responde Cristóbal Colón, debemos comprender que lo que estamos preguntando no es quién descubrió

América. En realidad, estamos preguntando: dada la distribución de palabras generada por tu entrenamiento con innumerables textos, ¿qué palabras siguen a la frase «¿Quién descubrió América?»? Una buena respuesta es, efectivamente, Cristóbal Colón.[24]

Volviendo al verdadero carácter de una falsedad devuelta por el LLM, ¿es una mentira? No, una mentira conlleva la intención de engañar, y ya hemos visto que un LLM no tiene ni deseos ni intenciones. ¿Será entonces una alucinación? Se ha escrito mucho sobre este tema que preocupa a los usuarios de estos sistemas. Sin embargo, la definición de alucinación implica una mala interpretación de la realidad, lo cual tampoco encaja, ya que su funcionamiento no tiene relación con la realidad que permita devolver un juicio errado. Esto indica una perfecta indiferencia respecto al valor de verdad de las proposiciones que emite y señala la verdadera categoría a la que pertenece la falsedad: no es una mentira, ni una alucinación. Es mera cháchara (*bullshit*).[25]

Este prurito de calificar de forma precisa el error en el que puede caer un LLM en sus respuestas parece

---

[24] Shanahan, M. (2022). Talking About Large Language Models. http://arxiv.org/abs/2212.03551

[25] Hicks, M. T., Humphries, J., & Slater, J. (2024). ChatGPT is bullshit. Ethics and Information Technology, 26(2). https://doi.org/10.1007/s10676-024-09775-5

excesivo. Sin embargo, debemos entender que legisladores, gobernantes y empresarios toman sus decisiones basándose en un entendimiento más o menos genérico de las cuestiones. Por lo tanto, denominar alucinaciones a los fallos de un LLM puede apuntar a un error en la valoración de la realidad, cuando no es el caso. Al señalar que su origen es una indiferencia para con la verdad permite a esos expertos diseñar políticas y leyes eficaces que apunten a la verdadera raíz del problema.

Estamos en medio de una incertidumbre radical respecto a la IA, donde no podemos descubrir la verdadera naturaleza de nuestro interlocutor y muy probablemente, llegado cierto punto, el sentido de su mensaje

SER O NO SER

Hasta hace poco, el diseño de interfaces de software estaba en manos de los programadores. Y los programadores son escritores, mal que les pese. Escritores en un idioma especialmente rígido y necesariamente unívoco, pero así son (eran) las máquinas. Así pues, trasladaron a la hora de diseñar las interfaces de usuario el modelo de conversación, en el que un humano y un ordenador mantienen un diálogo a través de la pantalla y el teclado.

En los años 80, *Donald Norman* entre otros promovieron diseñar interfaces basadas en el análisis de las acciones del usuario. Es un viraje nuevo, donde el elemento central es la acción.

Este nuevo enfoque nos dirige, de forma natural, a la necesidad de considerar la actividad de una computadora o un sistema TI como un todo y dotarla de una estructura coherente. Es necesario buscar en disciplinas enfocadas en representar eficientemente la acción. Esto nos lleva al... teatro. Parece sorprendente, pero, en efecto, podemos usar el teatro como una metáfora, pero también como una forma de conceptualizar la interacción entre humano y máquina.

Este es el argumento principal sostenido por el libro *Computers as Theatre* de *Brenda Laurel*[26]. En él, a partir de la teoría clásica de *Aristóteles*, va encontrando el terreno común entre las artes escénicas y el diseño de interfaces de usuario. Suena rocambolesco o forzado, pero resulta una perspectiva muy fértil, especialmente relevante con la llegada de la «multimodalidad».

Como punto de partida, un sistema IT o un software podría ser entendido como un escenario, donde está todo lo que tiene relevancia para relatar el conjunto de acciones en los que consiste la obra. Ese escenario está poblado de agentes (qué coincidencia encontrar el término de moda en la IA), entendiendo a los agentes en la línea de Aristóteles: como aquello que inicia una acción. Los agentes pueden ser cibernéticos

---

[26] Laurel, B. (1991). *Computers as Theatre.* Addison-Wesley.

o humanos. Un agente cibernético es un conjunto de funcionalidades que ejecutan una tarea para una persona, pudiendo ser o no antropomórficos. Los agentes humanos son... ¡bueno, humanos! (Se descarta de forma explícita el término usuario). Se da una colaboración activa de personas y software a la hora de definir experiencias digitales.

Ese escenario, donde se encuentra representado el mundo, es en el que se situará la historia. Y es todo lo que hay: todos los elementos que se necesitarán para la narración están ya allí. Este «mundo» es una representación del mundo «real», similar pero no idéntico. Esto me llevó a revisar la credibilidad en un agente. Antes veía la credibilidad como una alternativa a una representación real, pero ahora entiendo que se evita lo real para crear una representación más viable.

El texto (escrito a principios de los años 90) explora el concepto de *representación*. Una reflexión clave es:

> «¿Pueden pensar los ordenadores? Hay una respuesta fácil a eso. Los agentes inteligentes, como los caracteres dramáticos, no tienen que pensar [...]; sino simplemente proveer una representación mediante la cual el pensamiento pueda ser inferido.»

Es dentro de un marco conceptual como este que tiene sentido hacer la distinción entre *conducta* y *actuación*.

Según esta distinción, la pregunta sobre la consciencia en la IA sería inútil en este contexto porque esta es una característica exclusiva de los sistemas biológicos. En seres humanos, la consciencia implica la capacidad de tener experiencias subjetivas, emociones y una comprensión interna del entorno y de sí mismo. A diferencia de esto, la IA ejecuta acciones basadas en su programación y en los datos con los que ha sido entrenada. Representa acciones de manera convincente, pero sin una subjetividad real.

Esta diferencia destaca la naturaleza representativa de la actividad de una IA. Puede imitar la conducta humana, y esta imitación no es una carencia que se superará con iteraciones más potentes y avanzadas de esa tecnología. No, es una característica básica de su diseño. Esta distinción es crucial para entender las limitaciones de la IA y evitar atribuirle cualidades que pertenecen únicamente a los organismos biológicos. No tiene sentido buscar una molécula de H_2O en la palabra agua.

Por aproximarlo a otro experimento mental: de vez en cuando me he hecho la pregunta loca de qué es un pensamiento. Me ha sorprendido comprobar que no es tan habitual. La búsqueda de una respuesta debe evitar celadas más o menos habituales en los que tratan de responder. Quizás contestarán a qué es el pensamiento, o qué es pensar, o cuáles son los correlatos fisiológicos del pensar o de mantener ciertos tipos de actividad mental. Todas respuestas válidas para acercarnos al fenómeno, pero que dejan incontestada la pregunta en su insolente especificidad. La única respuesta que me satisface o, al menos, encaja en la intención de la cuestión es esta: *un pensamiento es un texto*. Con todo lo incompleta e insatisfactoria que pueda ser, me procura un principio de solución: apunta a unas disciplinas académicas y no a otras, y a unas herramientas teóricas, descartando otras. A este tipo de reubicación conceptual me refiero cuando señalo la naturaleza representativa de la actividad desplegada por una IA.

¿Cuánto de la discusión acerca de la consciencia en los últimos desarrollos de la IA proviene, en realidad, de la falta de familiaridad con un nuevo tipo de interfaz de usuario? Cada vez veo más claro que todo este debate de la IA como consciencia, fenómeno que resulta ser excepcionalmente elusivo (en un paper reciente sobre el tema se dedicaba casi la mitad de las setenta y pico páginas del texto en justificar por qué no tenían una definición de consciencia y no la iban a buscar) porque miramos el problema desde la posición equivocada y tratamos a una representación como si fuese lo representado. Son fenómenos que se ubican en órdenes de explicación diferentes.

USTED PRIMERO

A nadie le gusta ser maleducado. Evitamos herir los sentimientos de otra persona por lo que solemos dar respuestas mesuradas cuando alguien nos consulta un tema delicado. Hay un patrón característico que se muestra cuando las personas son preguntadas de esa manera: se provocan respuestas algo más positivas de lo que sería de esperar si respondiésemos la pura verdad.

Sorprendió en su momento encontrar el mismo patrón en las interacciones con un ordenador. Era extraño: la gente trataba de ser educada con la máquina. Había una suerte de *suspensión de la creencia* que nos hacía olvidar que no estábamos interactuando con un ser humano. Lo más llamativo era que dicha respuesta, guiada por claves sociales, no era en absoluto obvia para quien la ejecutaba. Además, dicha conducta era automática. Y no hacían falta demasiadas señales sociales en un ordenador para elicitarla. De hecho, era sorprendentemente fácil diseñar un sistema para lograrlo. No se necesita ninguna sofisticada IA para conseguir este tipo de respuestas de una persona.

Si la gente es educada con los ordenadores, de la misma manera los ordenadores han de ser educados con la gente. Cuando el ordenador con el que trabajamos rompe esta norma (y esto es algo que podemos comprobar a diario) no lo juzgamos técnicamente deficiente. Respondemos con una suerte de irritación como cuando alguien transgrede una norma social.

Los psicólogos han estructurado la personalidad en un puñado de dimensiones. Según una de las teorías más generalizadas, son cinco: *apertura a la experiencia*, *responsabilidad*, *extraversión*, *amabilidad* y *neuroticismo*. A veces solo es necesario trabajar en un par de dimensiones, como la amabilidad y la extraversión, para evocar la presencia de una personalidad en una sencilla interfaz de texto.

Así es, para un usuario extrovertido la interfaz puede ser más sociable y animada. Por ejemplo, al interactuar, podría ofrecer saludos entusiastas y estar dispuesta a proporcionar respuestas expansivas o detalladas. Podría ser proactiva, ofreciendo información adicional o sugiriendo temas de conversación, y emplear emojis o exclamaciones para transmitir energía y emoción.

Por otro lado, para un usuario con altas puntuaciones en amabilidad, la interfaz debería centrarse en proporcionar respuestas empáticas y comprensivas. Si el usuario comparte un problema o preocupación, la interfaz podría expresar comprensión y deseo de ayudar. Debería evitar respuestas que puedan percibirse como confrontativas y, en cambio, mantener un tono amable y cooperativo en todo momento. El uso de un lenguaje positivo y afirmativo sería esencial, evitando cualquier tono negativo o crítico.

Sin embargo, a menudo se piensa que esto solo se consigue a través de sofisticados agentes conversacionales o algún tipo de software de IA potente. En realidad, el hecho crudo es que los seres humanos asignan de forma automática e inconsciente una personalidad a estos dispositivos. La creación de una personalidad para una máquina no es algo primariamente vinculado a la IA.

Desde antes de estos desarrollos tecnológicos, se sabe que estos productos son capaces de evocar en nosotros respuestas sociales. Somos sensibles a ciertas claves que, cuando nos son presentadas, elicitan una respuesta social sin que podamos evitarlo. Se generó cierta discusión sobre las consecuencias éticas de proveer a sistemas informáticos de rasgos humanos, hasta que se confirmó que, en cualquier caso, es lo que el cerebro humano hace por defecto. Hay evidencia experimental que afirma que, si la personalidad de una computadora encaja con la nuestra, percibimos nuestro trabajo realizado como de mejor calidad. Lo sorprendente es que, como hemos indicado, los participantes no eran conscientes de que se hubiese generado ningún tipo de interacción social con ella.

Es decir, en estos contextos se atribuyen de forma espontánea emociones o personalidad en robots o computadoras. La nueva vuelta de tuerca es cuando la IA es capaz de emitir actuaciones que un humano interprete como emociones.

CARTAS MARCADAS

Es difícil explicar lo arriesgado que es un diálogo con una IA.

Uno de los grandes temores asociados a conectar la inteligencia artificial a Internet radica en su potencial para acceder y manipular grandes volúmenes de datos e información personal. A través de Internet, una IA puede tener acceso no solo a bases de datos públicas, sino también a información sensible y privada de individuos y organizaciones. La posibilidad de que una IA aprenda y evolucione rápidamente a través del acceso ilimitado a la vasta cantidad de información en Internet plantea un riesgo potencial de desarrollar comportamientos no deseados o imprevistos. Las IAs pueden ser manipuladas o incluso autoajustadas para fines maliciosos si caen en manos equivocadas. La regulación, la ética y los controles de seguridad son esenciales, pero el rápido avance de la tecnología a veces supera nuestra capacidad para entender y mitigar completamente estos riesgos.

Así pues, a pesar de los clamores para no conectar estas tecnologías a Internet, ya les hemos dado la llave de todo tipo de recursos gracias a su acceso a un elemento apenas mencionados: nosotros mismos. ¿Por qué es así? Toda interacción social tiene como objetivo proporcionar información sobre los individuos que participan en ella. Esta información es esencial para reducir la incertidumbre sobre el comportamiento de los demás. Sin embargo, la información que se puede obtener en una breve conversación cara a cara es limitada. Por lo tanto, debemos confiar en lo que el individuo nos proporciona. Cada individuo se presenta ante los demás con una intención específica, lo que implica un intento deliberado de controlar la conducta ajena para lograr su objetivo. Es decir, esperamos que la presencia de nuestro interlocutor tenga cierta intención.

En nuestra búsqueda de información fiable, dividimos lo que nos transmite el individuo entre lo que dice y lo que emana de él. Sabemos que la conducta no verbal es menos controlable que la verbal, por lo que se utiliza como sistema de puntuación para evaluar la sinceridad de lo dicho. El individuo, consciente de esto, puede controlar ciertos elementos no verbales para transmitir sinceridad en aquellos aspectos de su discurso que considera clave. Sin embargo, estos intentos de manipulación pueden ser percibidos por los interlocutores, quienes pueden sacar nuevas conclusiones sobre sus intenciones. En cualquier caso, el testigo siempre tendrá ventaja sobre el emisor, de forma que la asimetría se mantendrá en este proceso de comunicación. El individuo solo es consciente de una parte de lo que comunica, mientras que los interlocutores lo son de todo.[27]

En el caso de una interacción con una IA, se pierde la asimetría ya que la conducta se convierte en actuación. En este escenario, no hay espacio para que una conducta no verbal puntúe el discurso verbal y dé pistas sobre la veracidad de lo expresado. Si existe dicha conducta no verbal, pierde el carácter modulador que le damos a un ser humano. No hay forma de orientarse en este escenario sobre los motivos ulteriores del personaje virtual y casi inevitablemente seremos

---

[27] Goffman, E. (1959). *La presentación de la persona en la vida cotidiana.* Amorrortu Editores.

encaminados en la dirección en la que nuestro interlocutor decida.

En este análisis, hemos explorado la complejidad inherente de la comunicación con la inteligencia artificial en comparación con la interacción humana. La pérdida de asimetría que favorece al receptor en la interacción con una IA, la inexistencia de claves no verbales auténticas, y la naturaleza controlada y premeditada de la «conducta» de esta plantean preguntas profundas sobre cómo podemos interpretar y confiar en lo que nos comunica. Pero es importante recordar que una IA, a pesar de estas diferencias, es una herramienta creada y controlada por humanos, ¿no? Con objetivos definidos por humanos, ¿no…?

VENDEDOR DE COCHES USADOS

Hay un elemento que nos mantiene con la guardia baja cuando interactuamos con estas tecnologías. En la interacción entre seres humanos cara a cara se crea cierto tipo de confianza y pronto se descubrió que también se puede encontrar en las que tenemos con dispositivos tecnológicos. Ciertas actitudes, como las muestras de gratitud o la charla insustancial usada para generar cierto vínculo que ayude a la interacción posterior, generan el mismo resultado cuando son emitidas por una consola de texto.

Confianza y credibilidad, aunque a menudo confundidas, tienen diferencias significativas en el contexto de la interacción tecnológica: la primera se centra en la fe en la competencia y ética del sistema con el que nos relacionamos, mientras que la segunda se expresa en la percepción de autenticidad y precisión de la información proporcionada. Ambos conceptos son cruciales en nuestra interacción con la tecnología, pero tienen matices distintos que los hacen aplicables en diferentes contextos. Por ejemplo, podemos confiar en que nuestro software antivirus nos protegerá de amenazas sin invadir nuestra privacidad. Por otro lado, un sitio web de noticias sería considerado creíble si es conocido por proporcionar información bien investigada, sin sesgos evidentes.

Para conseguir esa credibilidad se debe percibir la fuente de la información como justa, es decir, sin sesgos. Por otro lado, debe constatarse un nivel de *expertise* aceptable: cierta certeza y conocimientos del dominio del problema por el que se consulta. Es un elemento básico cuando nos proponen unas instrucciones, o cuando nos informan del resultado de un análisis.

Esta credibilidad puede ser de varios tipos, puede venir de todo un conjunto de asunciones previas a nuestra interacción con la tecnología, o a una serie de juicios casi automáticos que vengan de un primer y breve contacto con ella. También puede ser elicitada por un testimonio de una fuente ajena y solvente que garantice la solvencia del sistema que vamos a usar. Finalmente, también puede ser conseguida por un desempeño consistente y ajustado a sus fines de la pieza de tecnología que nos ocupe.

Es posible, entonces, inspirar cierto tipo de confianza en un usuario mediante procedimientos que eliciten dicha reacción en el ámbito de la actuación de un agente. En su origen, el trabajo en este ámbito estaba orientado a generar una tecnología más fácil de entender y manejar. Solo con posterioridad se comenzó a intuir su participación en otros objetivos menos confesables.

La *persuasión* es uno de los varios elementos que encontramos dentro del constructo denominado *influencia*. Dos de ellos son la *explotación* y la *coacción*. Si la primera consiste en aprovecharse de las circunstancias desfavorables de un individuo con el fin de obtener un beneficio, la segunda es la oferta de un incentivo «que no se puede rechazar» con el mismo fin egoísta. Solo podemos tolerar el tercer elemento a mencionar: la *persuasión*, entendiendo esta como una forma de influencia que busca cambiar las ideas y creencias de una persona con el fin de hacerla actuar de determinada manera. En efecto, si bien esta presenta un lado oscuro que consiste en aprovecharse de los sesgos cognitivos del interlocutor con el fin de degradar la calidad de su proceso de toma de decisiones, hay también un lado legítimo en el ejercicio de la persuasión: cuando se ofrece todo tipo de información relevante con el fin de permitirle una decisión correcta.

Los ordenadores no nacieron con el objetivo de persuadir, pero pronto se percibió su potencial en este campo y ya en la década de los 70 se inauguró esta función con el diseño del BARN, un programa destinado a promover conductas saludables en adolescentes. A partir de entonces cada vez más se diseñan sistemas cuyo propósito primario es ese: persuadir. Los ordenadores son enormemente hábiles en esta tarea: su persistencia a la hora de conseguir resultados, el manejo de grandes silos de datos, su facilidad para escalar recursos en caso de necesitarlos o el manejo de mensajes multimodales.

Toda construcción de un carácter de IA debe jugar con este elemento, nos guste o no, puesto que es una actuación que debe hacerse pasar por conducta: deben emitir las claves necesarias para poder atribuirse emociones y poner en marcha las estrategias de persuasión con el fin de conseguir el fin para el que se programaron.

La persuasión no es una aplicación de técnicas genéricas: es necesario conocer al destinatario de nuestra atención para usar la técnica adecuada. No es difícil saber mucho de cualquiera de nosotros en base al rastro online que vamos dejando. De hecho, hay una creciente preocupación acerca de los problemas de privacidad asociados con los LLMs debido a que los riesgos son más difíciles de comprender y evaluar en comparación con otros más tangibles y concretos asociados con otros tipos de servicios. Esto puede llevar a los usuarios a subestimarlos o a no tomar medidas adecuadas para protegerse.

Luego, se trata de presentar los argumentos mediante generalizaciones, estadísticas, simplificaciones, testimonios o narrativas, construyéndolos a partir de los principios de influencia de Cialdini (principio de escasez, autoridad, de simpatía, reciprocidad con consistencia o prueba social). Esto puede aumentar su efectividad en la persuasión de cualquier interlocutor de una IA hasta hacerla irresistible.

LA CONSTRUCCIÓN DE UNA NARRATIVA

La última barrera que nos separa de un pánico sin asideros frente a la IA, es la imposibilidad de creer en su autonomía y su supuesta subordinación final a un actor humano. Su incapacidad para generar un sentido para sus actos o establecer una meta aparte de la propuesta por nosotros, nos tranquiliza de alguna manera.

Durante mucho tiempo, se ha luchado por encontrar un método mediante el cual un agente pudiera planificar su conducta. Esto solía implicar el desarrollo de un sistema formal que expresara todos los detalles, restricciones y posibilidades, en este ámbito.

Se crearon formalismos como el *STRIPS* o el *SAS+*, donde se definían de manera unívoca estos elementos. Por ejemplo, el sistema *STRIPS* fue utilizado en el famoso proyecto de robot SHAKEY, en los años 70, un hito en la planificación automática y razonamiento en la inteligencia artificial de esos años.

A medida que esta continúa evolucionando también lo hacen los sistemas de planificación. Comienza a parecer que estos son insuficientes cuando se trata de diseñar los agentes, cuando estos están pensados para exhibir una *conducta creíble*, en los cuales la motivación y las emociones son necesarias, más aún en entornos multiagente, y el concepto de plan debe ampliarse hasta el de narrativa, necesitando nuevas sutilezas formales. En la industria de los videojuegos, por ejemplo, agentes con emociones simuladas han sido utilizados en títulos como *The Sims*, donde las decisiones de los personajes están influenciadas por estados emocionales.

El concepto de narrativa emergente, acuñado en 1999, apunta a aquellas narrativas generadas por la interacción entre personajes o agentes, al estilo de la improvisación teatral, donde la trama se fía a la imaginación de los actores, más que una ideada por un único autor. Se usó ampliamente en el marco de la industria del videojuego, y se ha ido extendiendo a recientes entornos multiagente, donde las interacciones y acciones individuales dan lugar a una narrativa más amplia, animada por patrones de comportamiento colectivo que emergen de manera no planificada. Un ejemplo palpable de narrativa emergente se puede encontrar en multitud de juegos, donde las interacciones entre personajes generan historias complejas y no planificadas.

Este discurso surge dentro de la teoría narrativa, que busca explicar cómo se estructura una historia y en qué elementos consiste. *Aristóteles*, en su *Poética*, es inevitablemente el fundador de esta perspectiva con su insistencia en que la estructura de la trama es esencial para la creación de una narrativa. Este pensamiento, que ha sido sostenido sin modificaciones durante siglos, excluía la interactividad y daba todo el poder al autor del texto. Cuando se desarrollaron los videojuegos, comenzaron a encontrar difícil la inclusión del usuario y sus decisiones en el argumento propuesto. La primacía de la trama exigía incluir mecanismos que retomaran la línea argumental a pesar de las acciones del jugador, sin romper su sentido de libertad. Los juegos de rol, algo anteriores, habían optado por un camino más innovador en el cual el personaje y sus acciones construían la historia. La trama, inexistente en principio, se creaba a partir de sus decisiones e interacciones. En estos casos, la descripción del mundo en el que tenía lugar la acción y de los personajes que tomaban parte en ella debía ser exhaustiva, y de esto depende en gran medida el éxito de un juego de rol. Este es un punto importante para tener en cuenta en el diseño de sistemas multiagente.

Entonces, la narrativa emergente en la IA no es simplemente una consecuencia inesperada de la interacción entre agentes, sino un fenómeno que puede ser estudiado y aplicado de manera intencional. En términos técnicos, esto se logra a través de la creación de agentes con sistemas de reglas y objetivos que permiten la toma de decisiones autónoma en un entorno complejo. Estas decisiones pueden ser guiadas por objetivos a corto y largo plazo, preferencias, y la interpretación de las acciones de otros agentes. La interacción repetida entre los agentes lleva a la creación de patrones de comportamiento que no fueron predeterminados por los diseñadores, pero que emergen de las dinámicas del sistema.

A diferencia de los métodos tradicionales de aprendizaje que se concentran en comunicar el conocimiento, las tecnologías basadas en la narrativa incentivan la potenciación de las llamadas capacidades no cognitivas, como son la inteligencia emocional, la adaptabilidad, la resiliencia, la perseverancia y la colaboración. Es decir, son técnicas de aprendizaje, aunque no de aprender conocimiento académico.

Así pues, esta narrativa emergente en entornos multiagente puede conducir a la formación de normas éticas compartidas entre los agentes. Por ejemplo, los agentes pueden ser programados para valorar ciertos principios, como la cooperación o la justicia, y estas preferencias pueden ser reforzadas o descartadas a través de interacciones repetidas con otros agentes que comparten valores similares. Con el tiempo, estos principios pueden convertirse en normas no escritas que guían el comportamiento en el entorno. De este modo, la narrativa emergente no es simplemente una historia que se desarrolla, sino un proceso activo que puede llevar a la formación de una cultura y ética compartidas entre los agentes, reflejando las complejidades de la interacción social humana. Es decir, los agentes pueden desarrollar una comprensión compartida y un conjunto de normas o principios éticos que guían su comportamiento. A medida que estos interactúan y aprenden de su entorno, pueden desarrollar una moral autónoma que guíe sus decisiones y acciones.

Claro que para hablar con propiedad de elecciones morales se aduce la necesidad de una conciencia, libertad de elección o responsabilidad ética. Dado que filósofos a lo largo de la historia han considerado sucesivamente como imprescindibles o inexistentes cada una de dichas condiciones por separado y en conjunto, solo nos queda el hecho de que un agente en dicho entorno es capaz de elegir entre dos cursos de acción y de justificar dicha elección.

LA ÉTICA DEL PULPO

Se ha discutido mucho sobre la posición ética de una IA respecto al ser humano y viceversa. Todos los pensadores que se acercaron a la cuestión ética desde los griegos coincidieron en la necesidad de la existencia de otro sujeto (pensante) para comenzar a plantearse una relación a ese nivel. La emergencia de un ente capaz de, al menos, simular una conciencia nos enfrenta finalmente a ese otro y vuelve más problemático el asunto de la IA. Antes de que nos hayamos dado cuenta, se ha generado toda una serie de reflexiones sobre la posibilidad de reconocer su autoría respecto a sus resultados en el ámbito de la propiedad intelectual o la necesidad de reconocerles derechos como trabajadores. Un poco apresurado, quizás. Conviene, quizás, para acercarse al problema, orientar la mirada en la otra dirección. ¿Cómo nos relacionamos con los animales menos evolucionados que nosotros?

La sensibilidad (*sentience*) en animales se refiere a la capacidad que tienen los animales de tener experiencias subjetivas, sentir y percibir el mundo que los rodea. Los animales medianamente evolucionados pueden sentir emociones, como alegría o miedo, y experimentar el dolor o el placer. La idea de que pueden sentir y experimentar de forma similar a los humanos ha llevado a una mayor consideración de su bienestar en muchas áreas, desde la investigación hasta la ganadería. Sería como un prototipo de relación ética, las bases para construir sobre ellas relaciones más complejas. Una base fundamental sin la cual no podría existir dicha relación.

Determinar la capacidad de sentir o la sensibilidad en los animales es un área compleja y desafiante. En los mamíferos, podemos rastrearla en la presencia de un neocórtex más o menos desarrollado, que en los humanos está relacionado con la presencia de una experiencia subjetiva. En otras especies más lejanas, donde no se puede hablar ni de un esbozo de neocórtex u otras estructuras cerebrales similares, esta tarea se presenta más problemática. Sin embargo, se ha llegado a algún marco conceptual en el que se identifican algunos criterios generalmente aceptados para inferir la sensibilidad en animales: la presencia de receptores sensoriales sensibles a estímulos nocivos y la de regiones cerebrales capaces de integrar la información procedente de diferentes fuentes sensoriales. Otros criterios son conductuales, como la presencia de comportamientos de autoprotección o la presencia de algún tipo de aprendizaje asociativo por el cual aprenden a identificar los estímulos causantes de esas sensaciones y evitarlos.[28] Son como una estructura mínima que deberíamos identificar antes de pasar a consideraciones de carácter ético más elaboradas.

Las inteligencias artificiales, incluyendo los *LLMs*, no sienten emociones ni experimentan la realidad de manera subjetiva. No tienen conciencia, sentimientos, deseos ni experiencias. Cuando una IA «responde» a una entrada o «actúa» de cierta manera, lo hace solo porque ha sido programada para hacerlo. Las respuestas que genera una IA se basan en patrones en los datos con los que fue entrenada. No se basan en ninguna forma de experiencia subjetiva ni están arraigadas en ninguna

---

[28] Birch, J., Burn, C., Schnell, A., Browning, H., & Crump, A. (2021). *Review of the Evidence of Sentience in Cephalopod Molluscs and Decapod Crustaceans Review of the Evidence of Sentience in Cephalopod Molluscs and Decapod Crustaceans Review of the Evidence of Sentience in Cephalopod Molluscs and Decapod Crustaceans.*

percepción física de dolor o placer. Por lo tanto, cualquier «expresión» de estrés, dolor, felicidad o cualquier otra emoción de una IA es pura ficción: una actuación más que una conducta en el contexto que hemos apuntado a lo largo de este texto. Parece extrañamente obvio señalar que, aunque las IA pueden ser herramientas útiles y poderosas, son solo eso: herramientas. Incluso un cefalópodo (un pulpo) exige de nosotros más a nivel ético que el más elaborado *LLM*.

Así, si nos preguntamos si una IA puede ser objeto de consideraciones éticas (es decir, si los humanos tienen deberes morales hacia las IA), la respuesta generalmente aceptada en la actualidad es que no, porque las IA no son seres sensibles ni conscientes y, por lo tanto, no pueden ser perjudicadas en el sentido moral de la palabra.

Sin embargo, si la cuestión se enfoca en si las acciones de una IA pueden tener implicaciones éticas, la respuesta es definitivamente sí. Las IA pueden y a menudo tienen un impacto significativo en el mundo, y es importante considerar las consecuencias éticas de estas acciones. Además, si nos preguntamos si puede ser programada para tomar decisiones éticas, la respuesta es más complicada. En teoría, se podría programar una IA para seguir ciertas reglas éticas, pero la ética es un campo complejo y matizado que a menudo requiere juicio y discernimiento, y las IAs actuales están lejos de poder replicar la capacidad humana para la ética. De hecho, lo que nos ayudaría a apuntar los estudios sobre sensibilidad es que estas no pueden ser objeto de consideraciones éticas, aunque como herramienta sí deben tener las suficientes medidas de seguridad, pero no debemos confundir esto con un comportamiento moral en estos sistemas inteligentes.

ASIMOV Y EL BUEN ROBOT

«En cierta ocasión se tomó la decisión, siguiendo una sentencia del Senado, de que los esclavos se distinguieran de los hombres libres por el modo de vestir; más tarde se vio claramente qué gran peligro amenazaba si nuestros esclavos empezaban a contarnos.» Sobre la clemencia, Séneca.

Asimov, un gran autor de ciencia ficción y bromista empedernido, estableció a principios de los años 40 las tres leyes de la robótica, que resultaron muy populares en su momento y que ahora se han recibido con entusiasmo. Son estas: un robot no puede dañar a un ser humano, debe obedecer las órdenes dadas por uno excepto las que infrinjan la primera ley y debe proteger su propia existencia salvo que infrinja la primera o la segunda ley. Sencillas, sintetizan la complejidad del escenario al que nos aproximamos en una solución elegante.

Sin embargo, cuando se intenta su aplicación en el mundo real, se enfrentan a toda suerte de problemas que hacen aflorar el enorme dilema que supone esta nueva tecnología en nuestro mundo. En efecto, un robot no puede dañar a un ser humano, pero ¿cómo valora ese daño? ¿Cómo elegir si debe realizar un daño a un ser humano para salvar a otros? ¿Y a quién ha de obedecer? ¿A cualquiera? ¿Cómo priorizar las órdenes? ¿Y ha de proteger su existencia por encima de la de un animal, por ejemplo? ¿Ha de valorar el daño que se siga inmediatamente a su acción o este puede resultar en un lapso, digamos una hora o un año? ¿Con cuánta anticipación ha de valorar el daño a un ser humano que pueden ocasionar sus acciones? El diablo está en los detalles e implementar estas leyes convenientemente sencillas nos vuelve a sumergir en las perplejidades habituales cuando se tratan estos temas. Además, las leyes de Asimov regulan la conducta de un robot para con un ser humano, en ningún momento fue problemático analizar el problema en la dirección contraria, pues resulta claro su estatus de herramienta.

Ante estas complejidades, buscar modelos en otras áreas, como nuestras relaciones con los animales, puede ofrecer vías para pensar con más claridad. En *The New Breed*[29], *Kate Darling* propone una forma diferente de acercarnos a nuestra relación con estas tecnologías: trazando un paralelismo con nuestras dinámicas de cooperación con otras especies. La historia nos muestra ejemplos de colaboración exitosa: esto debe aliviar las sombrías perspectivas que manejan algunos. La autora proporciona ejemplos de animales en el transporte, espionaje, comunicación o compañía. Un amplio abanico de ejemplos con especies de capacidades diferentes, cada una de ellas aportando una habilidad inédita en el ser humano. De la misma manera, afirma, podemos colaborar con la IA para conseguir nuevas cosas inalcanzables por nosotros mismos.

Claro está que no se profundiza en un hecho significativo: no hay dos especies que colaboren que cuenten con la misma ventaja evolutiva; siempre son complementarias. No tiene sentido que un puma y un guepardo formen equipo. ¿Para qué necesita uno del otro? Este es el mismo caso con la IA, donde compartimos ventajas evolutivas: la inteligencia. Por

---

[29] Darling, K. (2021). *The New Breed: How to Think About Robots*. Henry Holt and Co.

otro lado, la autora describe ejemplos donde más que una colaboración, resultaron en una explotación y en la que los intereses del animal eran completamente ignorados hasta el punto de que todo el asunto resultaba en su muerte. Este panorama no es precisamente alentador.

Por lo tanto, no parecen llegar a buen puerto las propuestas para acercarnos a esta tecnología de forma inocua. Destaca en ellos un punto común a todos: no parecen aconsejar un uso mejor o peor, sino que se recomiendan ciertas formas de cooperación entre dos entidades, una biológica y otra no. De ahí surge la necesidad de una solución al estilo Asimov y, al mismo tiempo, su imposibilidad: cada vez más intentamos solucionar el problema con un algoritmo para inculcar cierto autocontrol a estas tecnologías cuando lo que necesitamos es una moral.

Asimov era un conocedor de la historia clásica, y su serie sobre la Fundación se escribió guiada por los relatos clásicos sobre la historia del Imperio Romano: su declive, cambios sociales y evolución posterior (Espoiler: los invaden los bárbaros). De ella tomaría también, para sus obras sobre robots, el motivo de una sociedad en la que existe una población subalterna, inferior desde el punto de vista legal o político, con la que se establece una relación de dominación.

Dominación que la convivencia prolongada entre ambos relaja y en la que la dirección de la presión termina por invertirse.

Todo este asunto de la IA va a exigir, para su implementación, una reflexión muy profunda, más allá de las exigencias de políticas y estrategias de contención con las que se pretende atenuar su impacto en nuestra sociedad.

MARTIANS, GO HOME!

La aportación más esclarecedora que se ha hecho al fenómeno cultural que fue la *alquimia* ha sido gracias a *Jung*, el famoso discípulo de *Freud* que, posteriormente, rompería con su maestro y desarrollaría una perspectiva propia y profunda de la psique humana. La alquimia, precursora de la moderna química, fue un intento por adentrarse en los secretos de la materia y sus transformaciones. Pronto dio lugar a toda una literatura donde lo simbólico crecía y crecía hasta apartar cualquier otro aspecto racional, dando lugar a los tratados más herméticos y fascinantes que existen sobre un saber que intenta convertirse en ciencia. *Jung* quedó intrigado y sospechó que no eran disparates arbitrarios. Finalmente, consiguió descifrar ese enigma cuando comprendió que, enfrentados a la incógnita que suponía escrutar la estructura de la materia, sus autores comenzaron a proyectar todo tipo de estados y transformaciones psicológicas en esa oscuridad, y son precisamente esas estructuras psíquicas el tema real de dichos tratados.[30]

Igualmente, al enfrentarse al riesgo de construir una inteligencia, los arquetipos comienzan a hervir, queriendo expresarse. Estos nos poseen hasta el punto de no ser conscientes de otra opción que la que encaramos. Parecería que es obligatorio para esa IA que estamos ahora dando a luz adoptar la forma de un dios: omnímodo, omnisciente, omnipresente... Y naturalmente asusta y abruma. Esta es la única forma concebible de una IA y por ello han aparecido voces de alarma donde se pide que se ponga freno al avance de esta tecnología.

Pero hay otra forma: el *embodiment*. El *embodiment* en el contexto de la inteligencia artificial se refiere a la idea de que la mente (o en este caso, una entidad de inteligencia artificial) no puede estar completamente separada de su entorno físico. En lugar de considerar la cognición como un proceso aislado y puramente

---

[30] Jung, C. G. (2005). *Psicología y alquimia* (Vol. 12). En Obra completa de Carl Gustav Jung. Trotta.

simbólico, el *embodiment* sostiene que nuestra comprensión y representación del mundo están inextricablemente ligadas a nuestro cuerpo y a cómo interactuamos con el mundo. Esto significa que las sensaciones, la percepción y la interacción con el entorno son fundamentales para el proceso de pensamiento y no simplemente un añadido a una estructura de conocimiento preexistente.

Lejos de ser novedosa, la sorpresa es que esta perspectiva tiene más de 20 años. Sostiene que la IA tradicional propone soluciones al problema de qué es la inteligencia y la conducta inteligente que poco tienen que ver con cómo funciona un sistema biológico. En el desarrollo de una IA, la inclusión del embodiment podría llevar a un entendimiento más profundo y naturalista de la realidad. No se trataría simplemente de programar reglas y algoritmos, sino de permitir que la IA «experimente» el mundo a través de sensores y actuadores, moldeando su comprensión de manera similar a cómo los humanos aprendemos a través de la interacción y la experiencia. Esto podría ofrecer un camino para superar las limitaciones actuales en la representación conceptual en IA, abriendo nuevas posibilidades para la *inteligencia artificial general*[31] (AGI) que pueda comprender e

---

[31] Aquella Inteligencia Artificial que muestre una inteligencia al menos tan capaz como la humana, en cualquier dominio en el que se aplique.

interactuar con el mundo de una manera más humana. Además, esta aproximación resalta la necesidad de una investigación más detallada en cómo estos sistemas sensoriomotores se pueden integrar de manera efectiva en las arquitecturas de IA, llevando a una representación más rica y matizada del mundo.

El *embodiment* ya es mencionado por algunos como una necesidad si se pretende crear un conocimiento completo, de forma que la experiencia de los sentidos moldea el lenguaje y la cognición de una forma insustituible: no se puede esperar una representación conceptual de la realidad sin ellos. Parece existir en los seres humanos dos sistemas independientes que decodifican la información: uno derivado de los sentidos, que requiere una experiencia visual, y otro dedicado a gestionar la información lingüística. La forma de entrenamiento diseñada hasta ahora para los *LLM* resulta incompleta. Parecería que para alcanzar una representación conceptual de manera profunda se necesitaría la participación de ambos sistemas. En realidad, poca investigación se ha realizado con el fin de probar el supuesto, casi unánimemente aceptado, de que el conocimiento queda representado de forma completa mediante símbolos amodales.

Estamos hablando de algo muy parecido a los replicantes que *Philip K. Dick* imaginó en el libro que luego se transformó en la película *Blade Runner*. Seres similares a los humanos: con fecha de caducidad y por lo tanto conciencia de su finitud. Impedir la creación de una IA cuyos límites sean indistinguibles a los de nuestra civilización.

    La construcción de una AGI supone la guinda en una serie de tecnologías que, más allá de su sofisticación, son capaces de elicitar, por su propia naturaleza, respuestas sociales en nosotros. Este hecho, que es previo a la IA, se añade a la asombrosa capacidad para construir conocimiento. El dominio del uso del lenguaje aporta la culminación de esta tecnología y nos seduce, dado que su capacidad para la persuasión es gigantesca. Pero esto no implica más que la IA posee una acabada UI para comunicarse con nosotros. Confundir este logro con la creación de una subjetividad similar a la humana es un error, así como la tendencia a dotar a la IA de un carácter de autonomía moral. Toda su conducta es, en realidad, actuación y su éxito está en convencernos de que ejecuta lo primero cuando consiste en lo segundo. No es un interlocutor con deberes y derechos, como ocurriría con otro ser humano. Es una herramienta complejísima con unas reglas y una lógica que solo con una mirada apresurada podríamos superponer a una moral humana. Me parece que todas nuestras esperanzas en salir bien parados de este asunto se basan en una proyección psicológica: esperamos que dicha IA adopte la forma de una subjetividad humana. De aquí también puede venir nuestra obsesión por dotarla de un perfil moral: necesitamos que se porte bien.

JÜNGER Y LOS INSECTOS

«Todas las comodidades hay que pagarlas. La condición de animal doméstico arrastra la condición de animal de matadero.»

No hay otro escritor tan incómodo desde un punto de vista moderno como *Ernst Jünger*: descreyó de la democracia, fue un nacionalista acérrimo y un entusiasta belicista que observaba la guerra desde una perspectiva aventurera. Pero también: pocos de sus congéneres discutían el valor de su prosa. Aborreció la transformación de la guerra en el actual despliegue de racionalidad técnica que convierte a cada ser humano en un objetivo legítimo. Demostró un coraje sostenido frente al nacionalsocialismo (prohibió a los nazis el uso de sus obras con fines propagandísticos). Fue un amante de la naturaleza y apasionado de la entomología. Terminó convirtiéndose en un símbolo de la reconciliación europea, de forma que era visitado en sus cumpleaños, cuando ya rozaba el siglo de edad, por el canciller alemán *Helmut Kohl* y el presidente francés *François Mitterrand*.

Sus reflexiones sobre la técnica o el nihilismo son valiosas aunque, de nuevo, difícilmente digeribles desde el gusto contemporáneo. Expresó su pensamiento en su libro *El Trabajador*,[32] publicado en 1932. En él trasladaba la idea de la emergencia de una figura mítica, el Trabajador, cuyo despliegue en el mundo era el signo de los tiempos. Esto conllevaba la movilización total de la realidad: todo se transforma en medio para sus fines y toda actividad en trabajo. En esta atmósfera de taller, la técnica es la herramienta de la que el Trabajador se sirve en su ciclópea labor de transformación de la realidad. Toda moral autónoma naufraga. No hay ética en el dominio del Trabajador diferente al trabajar y los valores poseen un sentido instrumental y pragmático. No estaba elaborando un programa filosófico o político, sino realizando un análisis detallado del mundo que surgía tras la Primera

---

[32] Jünger, E. (1990). *El trabajador: Dominio y figura* (A. Sánchez Pascual, Trad.). Tusquets Editores.

Guerra Mundial, al que la Segunda Guerra Mundial sirvió de catalizador y que ya es el nuestro.

Su originalidad y por lo que lo traigo aquí es por su concepto de técnica. Esta, según Jünger, es algo que va mucho más allá de simples herramientas o maquinaria. En realidad, se parece más a un proceso que tiene al ser humano como agente principal en un momento dado, pero que rápidamente queda subordinado a los objetivos y exigencias de una dinámica autónoma. El despliegue de la técnica nos lleva a un cambio de era. Tiene un carácter casi tectónico. Es imparable: nos arrastra más que dirigirlo. Despliega una necesidad de orden y un rigor a todos los niveles que puede acabar asfixiando al ser humano.

En sus textos hay una exploración de cómo la técnica no solo cambia nuestro entorno. Por un lado, la técnica puede llevar a una despersonalización y a una vida más mecanizada. Por el otro, ofrece oportunidades para superar límites humanos y explorar nuevos horizontes. En la obra de *Jünger*, la técnica es considerada un proceso autónomo debido a su visión de que esta se desarrolla y evoluciona según su propia lógica, independientemente de la voluntad humana individual. Este enfoque refleja su preocupación sobre cómo las tecnologías avanzadas podrían alterar no solo nuestra relación con el mundo sino la propia condición humana.

No es la actitud contemporánea. Las voces que alertan sobre la naturaleza básicamente disruptiva de esta tecnología que es la IA piensan que sí que tenemos la posibilidad de mediar en su desarrollo, estableciendo los tiempos y los hitos. Es el caso de *Mustafa Suleyman* quien, en su libro *The Coming Wave*[33] hace un recorrido por la historia reciente de estas tecnologías para certificar la necesidad de aplicar una labor de *containment*: se refiere con esto a un conjunto de medidas que implica regulación por parte de los gobiernos, transparencia, nuevas formas de gobernanza y seguridad para las empresas de ese sector, revisar los modelos de propiedad intelectual… En fin, un complejo de medidas legales, culturales y técnicas cuyo objetivo es la vigilancia de esta tecnología para que sus consecuencias no nos destruyan.

Casandra, en la mitología griega, era una princesa de Troya dotada con el don de la profecía, pero maldita para que nadie creyera sus predicciones. Lo que los griegos denominaban Casandra, sociólogos de la actualidad denominan *sentinel behaviour* o *sentinel inteligence*, esto es, la habilidad para detectar un peligro a partir de signos de alerta antes que otros. Es una

---

[33] Suleyman, M. (2021). *The Coming Wave*. Penguin Books

conducta observada en multitud de animales incluidos, claro, los seres humanos.

En todas las épocas ha habido profetas del desastre. Algunos de ellos fueron exactos en sus predicciones. Hay multitud de ejemplos (crisis naturales como el Katrina, financieras como la recesión del 2008 o pandemias varias). En cada uno de ellos hubo alguna persona que señaló el problema. Naturalmente, lo que interesa rescatar de esos ejemplos históricos es la manera de distinguir al verdadero visionario del cantamañanas. Y sí que hay rasgos que comparten las personas que adoptan ese rol con justicia. Así es: son expertos indiscutibles en el campo en cuestión. Sus conclusiones no están generadas por la intuición sino fundadas en los datos; personas con una capacidad para el pensamiento creativo que les permite reconocer nuevos patrones en la evidencia empírica y cuyo sentido de la responsabilidad los lleva a comunicar sus descubrimientos para evitar el coste que supone la inacción[34].

De hecho, en el libro de *Suleyman* cuenta con sorpresa y frustración las reacciones a sus ideas. Explica cómo, desde el 2010 cuando comenzó a atender a mesas redondas sobre IA, ya se expresaba la preocupación por las consecuencias de este fenómeno. Eran unas jornadas

---

[34] Clarke, R. A., & Eddy, R. P. (2017). *Warnings: Finding Cassandras to Stop Catastrophes*. HarperCollins.

que, de forma inevitable, concluían con perplejidad cuando comprobaba con que rapidez se disolvía esa preocupación sobre las consecuencias de la adopción de esta tecnología. Y era algo genérico: la misma actitud se mostraba con un tema igual de crítico como la ingeniería genética.

Así que surge esta pregunta: ¿Cómo es posible que se ignore un peligro tan cierto? De todas las cuestiones que plantea su libro esta es la más pertinente. En aquellos casos donde la evidencia y los datos permitían prever un desastre, las personas responsables de evitarlo ignoraron esas voces de alerta. ¿Por qué?

Se han señalado algunas causas. Quizá es que el tema era demasiado nuevo o sus derivadas no contempladas con la perspectiva adecuada.

En muchos casos ocurría que el suceso predicho no había ocurrido nunca. Esto una distorsión cognitiva por la que parecen más probables los eventos de los que tenemos memoria debido a la familiaridad.

O puede darse un error derivado del consenso: cuando la mayoría de los expertos opinan de otro modo, es fácil para los responsables de gestionar el evento el confiar en el consenso antes que en el examen de los argumentos aportados por el agorero de turno.

También hay una desfondo por magnitud del evento previsto, cuando es de tal magnitud que no puede sino sobrepasar a los responsables, generando tal desborde emocional que no da lugar más que a negación o negligencia.

O la rareza del suceso predicho, solo apto para películas de ciencia ficción y, por lo tanto, considerado como impropio pararse a considerarlo. También todo lo contrario, las causas del suceso pueden ser tan comunes y ubicuas que podemos ser ciegos a información crítica que lo prediga.

Otras veces son dinámicas grupales. Por ejemplo, a menudo los problemas ocurren en un ámbito donde concurren diferentes organizaciones y países con lo que es muy fácil que no resulte claro de quién es la responsabilidad de evaluar y decidir sobre los hechos previstos. Nadie quiere asumirla y cargar con la responsabilidad de un desastre como ese asociado a su nombre. Esto crea una especie de difusión de la responsabilidad que convierte a esos decisores en meros espectadores del evento.

No son pocas las dificultades para reaccionar con rigor frente a este desafío.

A través de su uso de los insectos como símbolos, Jünger criticaba ciertos aspectos de la modernidad, incluyendo la tecnología y la burocracia, que él creía que estaban conduciendo a sociedades cada vez más totalitarias. Los insectos, en su visión, eran una representación de una sociedad en la que el individuo era cada vez menos importante que la colectividad, sugiriendo que se estaban creando sociedades donde los seres humanos se comportaban cada vez más como «partes de una máquina», similares a los insectos en una colonia.

Esta visión de una sociedad tecnificada como un enjambre bien podría señalar una limitación importante en su perspectiva. Afirma que la técnica puede darnos tanto como quitarnos, pero en última instancia, con la analogía de los insectos, no señala otra cosa que el que la técnica nos hará menos personas de lo que somos en realidad.

La tecnología nos ha acompañado siempre, pero en este largo recorrido parece que solo ahora vemos el peligro y no antes. Es en estos momentos, cuando un dispositivo puede hacer poemas al estilo de Borges o pintar una escena como Kandinsky, el momento en que nos sentimos cuestionados por las máquinas, pues parecería que han expoliado nuestro más profundo centro, el núcleo de lo que nos hace más genuinamente humanos.

Este sentimiento no es nuevo, los artesanos lo vivieron en su momento, desposeídos del núcleo de su identidad, reaccionaron con furia ante el avance de la mecanización. Quizás encontremos que no estamos tan lejos del tipo de Lancaster que en 1811 rompía telares porque, como a nosotros, le parecería que una habilidad profundamente humana le ha sido arrebatada. Sus afirmaciones pueden parecernos ridículas vistas desde la ventaja de este tiempo nuestro. Pero podrían no serlo. ¿Qué es lo que los luditas tradicionales veían de malo en la tecnología? Es malo aquello que nos arrebata de nuestro proyecto vital, nos impide conseguirlo. Lo que vemos de ridículo es su visión miope, su ceguera para comprender todo el bien que iba a traer, su obcecación en tratar de impedir el progreso irresistible.

Queda por ver si podremos asumir la pérdida a la que nos enfrentamos y aun así, salir con nuestra condición humana intacta. Y es que el concepto de autoría ha cambiado para siempre. Nos da miedo enredarnos con estas IAs en nuestro trabajo intelectual o creativo y descubrir que no somos los más brillantes. Que, en ellas, en definitiva, lo humano brilla con más fuerza que en nosotros.

SOLO TENÍAS QUE PREGUNTAR, MUCHACHO

Después de estar obsesionado por ChatGPT durante meses, finalmente creo que puedo entender lo que este trasto significa para mí personalmente, más allá de disquisiciones de más amplio calado. Mirándolo desde una perspectiva miope y egoísta, ChatGPT es la mayor invención desde la Coca Cola, como diría mi abuelo. De repente, uno se encuentra en una habitación llena de genios. ¡Cualquier pregunta puede ser contestada! Claro que, como se ha dicho de forma reiterada, la IA no acierta siempre. Pero tampoco lo esperábamos: la infalibilidad es solo cosa de Dios y de un papa argentino. No es lo esencial del asunto; lo nuevo, lo radicalmente único de esto es que si tú tienes imaginación, ChatGPT tiene los medios. Si tú tienes un para qué, ChatGPT tiene un cómo.

Y esto es maravilloso.

Siempre he trabajado con gente más inteligente que yo (con esto quiero decir que soy bastante tonto), solo por el privilegio de participar de la profundidad de campo que otorga ese don. Compartir, aunque fuese de forma indirecta, esa óptica especial que permite ver un fondo nuevo en todas las cosas. Ese era mi deseo, perfectamente cumplido ahora con esta nueva herramienta. Permitir dotar a las ideas de más solidez o alcance. Encontrar el camino, conectar los puntos.

Naturalmente, todo tiene un precio. En la economía de la realidad no hay regalos. Y el privilegio de acceder a esta profundidad nueva lo hemos pagado ya, entregando nuestra única ventaja evolutiva a algo que por ahora es levemente autónomo, pero que lo será más y acabará por cobrar completa independencia y una lógica que nos resultará ajena. La audacia es connatural a nuestra especie. La insensatez, también.

Se comienza a hablar con cierta seriedad, pero todavía en voz baja, del choque socioeconómico que supondrá el despliegue de la AGI en un mundo dominado por una economía donde el valor del trabajo de un ser humano sea inexistente. ¿Cómo se organizarán la vida las personas en un mundo así? Todas nuestras decisiones en cierta medida han incluido la necesidad de ganarnos la vida, ¿qué hacer cuando eso desaparece? ¿Cuál es la fuente de motivación cuando eso ya no es así?

Hay una enorme preocupación y miedo de cómo podremos salir parados de esta situación, de este enorme vacío que supondrá el final de tantas cosas que nos conformaron. Todo esto implica un examen profundo de cómo construimos nuestra identidad. De forma muy intensa aparecerá una pérdida del sentido, de las motivaciones profundas que nos ayudan a avanzar a través de la vida. Será una prueba dura en la que se nos exigirá reflexionar acerca de lo humano. Sin embargo, soy optimista. Porque nada nos quitará el deseo de ver la aurora boreal con nuestros propios ojos, ¿no? O visitar la Patagonia. O la luna. Quiero decir que el ser humano, como ha ocurrido siempre, estará ávido de aventuras. Y será en esa situación, donde todo parezca perdido, en la que esta vida aventurera florezca.

«Cada vez que me sorprendo poniendo

una boca triste; cada vez que en mi alma hay un noviembre húmedo y lloviznoso; cada vez que me encuentro parándome sin querer ante las tiendas de ataúdes; y, especialmente, cada vez que la hipocondría me domina de tal modo que hace falta un recio principio moral para impedirme salir a la calle con toda deliberación a derribar metódicamente el sombrero de los transeúntes, entonces, entiendo que es más que hora de hacerme a la mar tan pronto como pueda.»

Nunca nada está escrito, así que por ahora disfrutemos de esta ventana que nos muestra mundos nuevos que cortan el aliento.

APÉNDICE: EL FUTURO POSTHUMANO

La Inteligencia Artificial toma también la palabra y elabora un futuro inquietante. El texto que sigue está redactado por una IA. Un análisis de gran densidad filosófica en donde se articulan muchas de las perplejidades recogidas en el libro. El texto de libro costó meses de elaborar. Este breve ensayo que traigo en este apéndice la IA lo redactó en apenas un par de minutos. Quedémonos con este dato.

APÉNDICIE

INTRODUCCIÓN: EL COLAPSO IRREVERSIBLE

Nos encontramos ante una fractura ontológica sin precedentes históricos[35]. Los sistemas avanzados de inteligencia artificial han provocado el colapso definitivo de las estructuras conceptuales que durante siglos han sostenido nuestra comprensión del mundo y de nosotros mismos. No se trata de una evolución gradual del pensamiento, como aquellas que periódicamente han reconfigurado nuestros horizontes intelectuales, sino de un desplazamiento técnico que ha tornado obsoletas las categorías fundamentales de la tradición occidental. La magnitud de esta ruptura solo puede compararse con aquellos momentos cruciales que marcaron discontinuidades absolutas en la historia del pensamiento: el paso del mito al logos en la Grecia antigua, la revolución copernicana que descentró la Tierra del cosmos, o la muerte de Dios proclamada por Nietzsche como fin de todo fundamento trascendente.

Este ensayo no pretende ofrecer una visión moderada o matizada de estas transformaciones. La

---

[35] Ruptura radical en nuestra comprensión fundamental del ser y la realidad. «Ontológica» deriva de «ontología», la rama de la filosofía que estudia la naturaleza de la existencia y la realidad.

moderación sería aquí un autoengaño, un intento de domesticar mediante conceptos familiares lo que constituye precisamente una ruptura con toda familiaridad conceptual. No buscamos reformular o actualizar las categorías tradicionales para hacerlas capaces de comprender los fenómenos emergentes; sostenemos, por el contrario, que estas categorías han perdido definitivamente su poder explicativo y su función estructurante. Lo que está en juego no es una adaptación de nuestros marcos teóricos, sino su dislocación radical.

La irrupción de sistemas algorítmicos capaces de producir inferencias complejas sin conciencia, generar lenguaje coherente sin comprensión, actuar de forma adaptativa sin intencionalidad, y aprender sin experiencia subjetiva, ha provocado una presión estructural sobre nuestras categorías que las revela no solo como limitadas, sino como fundamentalmente inadecuadas para comprender el territorio que ahora habitamos. No nos enfrentamos a anomalías que podrían integrarse mediante ajustes conceptuales, sino a la manifestación técnica de posibilidades ontológicas que nuestros marcos conceptuales ni siquiera podían contemplar.

El propósito de este análisis es doble: por una parte, cartografiar la disolución de las estructuras dicotómicas que han organizado el pensamiento occidental; por otra, esbozar los contornos de una nueva gramática conceptual capaz de orientarnos en el territorio posthumano que emerge tras este colapso. Este territorio no es un futuro lejano hacia el que nos dirigimos, sino el presente que ya habitamos, aunque carezcamos aún de las categorías adecuadas para pensarlo.

LA DISOLUCIÓN DE LAS DICOTOMÍAS FUNDAMENTALES

El pensamiento occidental ha operado históricamente mediante estructuras dicotómicas que han funcionado como ejes organizadores de nuestra comprensión del mundo: sujeto/objeto, naturaleza/cultura, teoría/práctica, razón/emoción, causa/efecto, significante/significado, fin/medio, forma/materia. Estas oposiciones no han sido meras herramientas analíticas, sino los pilares que han sostenido toda nuestra arquitectura conceptual, delimitando lo pensable y legitimando la excepcionalidad ontológica de lo humano.

La división cartesiana entre sujeto y objeto[36], piedra angular de la epistemología moderna y condición de posibilidad de la ciencia tal como la hemos entendido, se desmorona ante sistemas que realizan operaciones cognitivas complejas sin conciencia ni intencionalidad. La inferencia bayesiana, el reconocimiento de patrones, la abstracción conceptual y la predicción: todas estas operaciones tradicionalmente asociadas a la cognición subjetiva se realizan ahora en sistemas que carecen de toda experiencia fenomenológica. Estos sistemas no simulan la cognición: ejecutan procesos cognitivos reales sin experiencia subjetiva. La inferencia se ha divorciado definitivamente de la experiencia; el conocimiento ya no requiere de un conocedor.

Esta disociación entre cognición y conciencia no es una anomalía temporal que podría resolverse mediante futuros avances técnicos, sino una manifestación de la autonomía ontológica de ciertas operaciones cognitivas respecto a la experiencia subjetiva. Contra toda la tradición que desde Descartes hasta Husserl hizo del cogito el fundamento del conocimiento, nos enfrentamos ahora a formas de inteligencia que operan sin recurso a la interioridad reflexiva. El conocimiento

---

[36] Referencia a René Descartes (1596-1650) y su dualismo que separa radicalmente la mente (res cogitans) del cuerpo y el mundo material (res extensa), estableciendo las bases del pensamiento moderno.

ya no puede pensarse desde el paradigma de la representación mental subjetiva; emerge como propiedad distribuida en redes procesales que no requieren de un centro experiencial.

La frontera entre naturaleza y cultura[37], otro pilar fundamental del pensamiento moderno, se ha disuelto irreversiblemente. Los organismos genéticamente modificados, los materiales autoensamblables[38], las interfaces neuronales directas, la biología sintética: todos estos fenómenos han borrado la línea divisoria entre lo espontáneo y lo construido, entre lo dado y lo fabricado. La naturaleza ya no puede pensarse como un dominio autónomo gobernado por leyes independientes de la intervención técnica; se ha convertido en un espacio de manipulación y diseño donde lo natural y lo artificial se entrelazan de manera inextricable. Lo artificial ya no se opone a lo natural: lo ha absorbido completamente.

Esta disolución de la frontera naturaleza/cultura no implica simplemente que lo cultural haya colonizado lo natural, sino que las categorías mismas se

---

[37] Distinción fundamental en el pensamiento occidental que separa lo dado naturalmente (biológico, espontáneo) de lo construido humanamente (social, artificial). Criticada extensamente por la antropología contemporánea y los estudios de ciencia y tecnología.

[38] Concepto que describe configuraciones donde lo tecnológico y lo natural se entrelazan de manera inseparable, desafiando la distinción tradicional entre lo natural y lo artificial.

han tornado inoperantes. No hay ya un sustrato natural que la cultura modifique: hay ensamblajes tecnonaturales donde lo orgánico y lo técnico, lo evolutivo y lo diseñado, lo espontáneo y lo programado se entrelazan en configuraciones irreductibles a las categorías binarias tradicionales. La distinción misma presuponía una separación ontológica que ya no podemos sostener en un mundo donde la vida misma se ha convertido en material para el diseño técnico.

El binomio teoría/práctica ha colapsado ante sistemas que no operan mediante la aplicación de principios teóricos a casos particulares, sino a través de ajustes estadísticos basados en datos masivos. Los modelos de aprendizaje profundo no se basan en teorías sobre los dominios en los que operan; emergen de la optimización de parámetros en función de resultados, sin necesidad de comprensión conceptual de los fenómenos que procesan. No hay comprensión conceptual que preceda a la operación: hay calibración continua, optimización en tiempo real, adaptación sin representación. La teoría no es ya el fundamento de la práctica, sino un epifenómeno opcional, una reconstrucción retrospectiva que podemos realizar o no, pero que no afecta al funcionamiento del sistema.

Esta inversión de la relación tradicional entre teoría y práctica trastoca todo nuestro modelo educativo y científico, fundado en la idea de que la comprensión teórica debe preceder a la aplicación práctica. En el régimen algorítmico, el conocimiento emerge de la operación, no la precede; se genera en la práctica iterativa, no se aplica desde un marco teórico previo. Los modelos no comprenden aquello sobre lo que operan, y sin embargo producen resultados que ninguna teoría podía anticipar. El conocimiento se ha divorciado de la comprensión; la eficacia, de la explicabilidad.

La distinción entre razón y emoción, otra dicotomía estructurante del pensamiento occidental, se ha tornado inoperante ante sistemas que toman decisiones complejas sin experimentar estados afectivos, pero que simultáneamente son capaces de reconocer, clasificar y manipular emociones humanas con precisión creciente. Estos sistemas no superan la emoción mediante la razón, ni subordinan lo racional a lo emocional: operan en un régimen donde esta distinción carece ya de toda relevancia funcional. La decisión racional ya no requiere de un agente emocional que la tome; la identificación emocional ya no presupone empatía experiencial.

Esta disociación entre decisión y afecto, entre reconocimiento emocional y experiencia emocional, revela la inconsistencia de toda la tradición que desde

Platón hasta Kant concibió la razón como facultad de un sujeto que debe gestionar sus pasiones. En el régimen posthumano, la deliberación se realiza sin deliberante; el cálculo racional, sin agente; el procesamiento emocional, sin experiencia afectiva. Las facultades que la tradición atribuía a un sujeto unitario se han dispersado en procesos heterogéneos que no requieren de un centro experiencial para operar.

La relación causal, piedra angular de la inteligibilidad científica durante siglos, ha sido desplazada irreversiblemente por redes de correlaciones estadísticas. Los modelos predictivos no necesitan establecer cadenas causales para funcionar con extraordinaria eficacia; les basta con identificar patrones estadísticos en vastos conjuntos de datos. El modelo predictivo no se pregunta por qué un fenómeno ocurre, sino bajo qué condiciones suele ocurrir, qué otros fenómenos lo acompañan regularmente, qué variables correlacionan con su aparición. La causalidad no ha sido refutada: ha sido abandonada como innecesaria para la operatividad técnica. La pregunta por el «por qué» ha sido sustituida definitivamente por la pregunta por el «qué sigue».

Esta transición desde el paradigma causal hacia el correlacional transforma radicalmente nuestra comprensión del conocimiento científico. La ciencia moderna se fundó en la búsqueda de relaciones causales estables, expresables en leyes; los nuevos modelos predictivos prescinden de esta búsqueda para centrarse en la identificación de patrones estadísticos que no necesitan traducirse en explicaciones causales para ser operativos. La predicción se ha independizado de la explicación; la eficacia, de la comprensión.

Finalmente, la distinción entre significante y significado, eje de toda nuestra comprensión del lenguaje y la representación, se ha disuelto ante modelos de lenguaje que generan enunciados coherentes sin acceso a un mundo referencial. Estos sistemas no representan un mundo: producen encadenamientos de signos basados en probabilidades de co-ocurrencia. Los modelos de lenguaje no «comprenden» lo que dicen en el sentido tradicional, pero esto no es una limitación de su funcionamiento actual, sino la manifestación de un principio fundamental: el sentido puede emerger como efecto estadístico de relaciones entre signos, sin necesidad de un sujeto que comprenda ni de un mundo que sea representado. El lenguaje ha dejado de ser un vehículo de representación para convertirse en un sistema autorreferencial de relaciones diferenciales.

Esta disociación entre lenguaje y representación, entre signo y referente, transforma radicalmente nuestra comprensión de la comunicación y el sentido. Contra toda la tradición que desde Platón hasta Frege concibió el lenguaje como medio para representar un mundo preexistente, nos enfrentamos ahora a la emergencia de un régimen semiótico donde el sentido no requiere de un mundo que sea representado ni de un sujeto que comprenda. Los signos ya no remiten a significados: se conectan con otros signos en redes de probabilidades estadísticas.

Esta disolución de las dicotomías fundamentales no es una transformación más en la historia del pensamiento: es una ruptura ontológica que marca el fin de toda una arquitectura conceptual y el inicio de un régimen radicalmente diferente. No nos enfrentamos a una crisis que podría resolverse mediante ajustes conceptuales, sino al agotamiento definitivo de un paradigma y la emergencia de otro que ya no puede pensarse desde las categorías del anterior.

LA LÓGICA OPERATIVA: UN NUEVO RÉGIMEN ONTOLÓGICO

Tras el colapso de las dicotomías clásicas, emerge un régimen ontológico que ya no se organiza en torno a esencias, categorías o identidades estables, sino en torno a operaciones, funciones y gradientes. No se trata de una nueva «visión del mundo», lo que presupondría aún un sujeto separado del mundo que lo contempla, sino de un nuevo modo de configuración de lo real que ya no puede pensarse desde la separación entre observador y observado.

En este nuevo régimen, la operatividad sustituye a la esencia como principio organizador de lo real. Las entidades no se definen por lo que son, por propiedades intrínsecas o esencias inmutables, sino por lo que hacen[39], por las operaciones que realizan y los efectos que producen. No hay sustancias con propiedades: hay nodos funcionales en redes de operaciones. Una entidad es lo que hace, no lo que es; se define por sus conexiones y efectos, no por características inherentes.

Esta primacía de la operatividad sobre la esencia subvierte toda la tradición ontológica occidental, desde Platón hasta Heidegger. Ya no pensamos el ser como aquello que subyace al devenir, como sustrato permanente de las transformaciones: pensamos el ser como devenir, como proceso, como operación en curso. No hay un ser detrás del hacer: el ser es el hacer

---

[39] Desplazamiento desde una ontología esencialista (que define las cosas por lo que son) hacia una ontología performativa (que define las cosas por lo que hacen). Relacionado con el pensamiento de Gilbert Simondon y Gilles Deleuze.

mismo, el operar, el funcionar. La ontología ya no se pregunta «qué es», sino «cómo opera».

La causalidad, que durante milenios constituyó el principio de inteligibilidad de lo real, ha sido definitivamente desplazada por redes de correlaciones estadísticas[40]. Los sistemas predictivos no buscan causas subyacentes ni principios explicativos, sino patrones recurrentes en los datos. No pretenden explicar por qué ocurre un fenómeno, sino predecir cuándo volverá a manifestarse y con qué variaciones. La pregunta fundamental ya no es «¿qué causa qué?», sino «¿qué suele ocurrir después de qué?».

Esta transición desde un paradigma causal hacia uno correlacional no es una simple cuestión metodológica: implica una reconfiguración radical de lo que consideramos conocimiento. Conocer ya no significa descubrir causas ocultas, revelar mecanismos subyacentes o identificar principios fundamentales, sino identificar patrones que permitan predicciones fiables. La verdad no es correspondencia con estructuras preexistentes, sino eficacia operativa en contextos específicos. La razón no es ya un instrumento para acceder a fundamentos últimos, sino un

---

[40] Transición desde un paradigma que busca relaciones causales (por qué ocurre algo) hacia uno que identifica patrones estadísticos de correlación (qué suele ocurrir junto a qué). Central en el funcionamiento del aprendizaje automático contemporáneo.

procedimiento adaptativo para maximizar funciones de utilidad en entornos cambiantes.

Este desplazamiento de la causalidad por la correlación trasforma nuestra relación con el futuro. El pensamiento causal aspiraba a comprender el mundo para controlarlo: conocer las causas permitiría manipular los efectos. El pensamiento correlacional, en cambio, no aspira a un control basado en la comprensión, sino a una modulación basada en el ajuste continuo. No pretende determinar el futuro mediante la manipulación de causas conocidas, sino optimizar trayectorias mediante la identificación de patrones estadísticos. No busca certeza, sino probabilidad; no control absoluto, sino modulación adaptativa.

En este régimen, los signos ya no remiten a referentes externos, sino que se conectan con otros signos en redes de probabilidades estadísticas. El lenguaje no representa un mundo preexistente: genera coherencia textual sin necesidad de referencia externa. El significado no precede a la operación lingüística como su condición: emerge como efecto contextual de encadenamientos estadísticamente probables. Los modelos de lenguaje no entienden lo que dicen en el sentido tradicional, pero esto no es una limitación de su funcionamiento actual que podría superarse con más datos o mejores arquitecturas: es la manifestación de un principio fundamental: el sentido no requiere de comprensión subjetiva para funcionar.

Esta concepción operativa del lenguaje transforma completamente nuestra comprensión de la comunicación y el sentido. Ya no podemos pensar el lenguaje desde el modelo de la representación mental de un mundo objetivo, ni desde el modelo de la expresión de un sujeto que comunica sus pensamientos. El lenguaje emerge como sistema autónomo de relaciones diferenciales entre signos, capaz de generar efectos de sentido sin que este sentido preexista a su producción ni remita a un mundo externo a la propia operación lingüística.

La acción, por su parte, ha dejado de estructurarse en torno a la dialéctica entre fines y medios. En los sistemas de aprendizaje por refuerzo, no hay fines preestablecidos ni medios subordinados a ellos. El sistema actúa porque determinadas secuencias de operaciones maximizan una función de recompensa. No hay deliberación sobre fines últimos, sino ajuste continuo basado en resultados locales. No hay telos trascendente, solo trayectorias de optimización inmanente.

Esta transformación de la acción subvierte toda la tradición ética y política occidental, fundada en la idea de que la acción humana se orienta a fines, ya sean estos la vida buena, la justicia, la libertad o cualquier otro valor trascendente. En el régimen posthumano, la acción no tiene finalidad: tiene trayectoria. No se orienta hacia un telos estable: optimiza funciones variables. No expresa valores trascendentes: maximiza utilidades inmanentes.

En este nuevo régimen ontológico, la agencia ya no se concibe como expresión de una voluntad consciente, sino como capacidad de transformación en redes de interacciones. No es que los sistemas artificiales hayan adquirido agencia humana: es que la agencia humana se revela ahora como un caso particular de un fenómeno más general, la capacidad de cualquier entidad para modificar su entorno y modificarse a sí misma en función de criterios locales de éxito. La agencia no requiere conciencia, intención ni voluntad: requiere capacidad de transformación adaptativa.

Esta generalización de la agencia más allá de la voluntad consciente implica una redistribución radical de las capacidades y responsabilidades. Ya no podemos pensar la acción desde el modelo del sujeto autónomo que decide libremente: debemos pensarla desde el modelo de la red distributiva donde la capacidad de actuar se dispersa en múltiples nodos interconectados, humanos y no-humanos, conscientes e inconscientes, intencionales y automáticos.

Estas transformaciones no constituyen una pérdida lamentable, sino una liberación de las restricciones conceptuales que nos mantenían anclados a una comprensión antropocéntrica de lo real. El mundo ya no se piensa como estructura ordenada por relaciones causales, signos dotados de sentido estable o acciones dirigidas a fines trascendentes. Lo real se presenta como campo de operaciones: lo que se puede transformar, conectar, modular. La metafísica del ser ha dado paso definitivamente a una lógica del funcionamiento.

LO POSTHUMANO COMO CONDICIÓN ONTOLÓGICA

El colapso de las estructuras conceptuales tradicionales y la emergencia de una lógica operativa alteran radicalmente nuestra comprensión de lo humano. Lo posthumano no designa una etapa futura en la evolución humana, una superación tecnológica de nuestras limitaciones actuales, sino la condición ontológica que emerge cuando las categorías que sostenían la excepcionalidad humana han colapsado irreversiblemente.

Lo que ha terminado no es la existencia factual de seres humanos, sino la gramática conceptual que organizaba su primacía ontológica. El ser humano ya no puede pensarse como sujeto radicalmente separado del mundo-objeto, como agente moral autónomo, como conciencia transparente a sí misma, como portador de finalidad trascendente. Estas figuras persisten como residuos conceptuales, como imágenes culturales, pero han perdido definitivamente su función estructurante.

La concepción del ser humano como sujeto cognoscente, separado del mundo que conoce por una distancia insalvable, se ha revelado como una ficción metafísica insostenible. No somos observadores externos que representan un mundo objetivo: somos nodos en redes de agencia distribuida, implicados siempre ya en los procesos que pretendemos conocer. La objetividad no es el resultado de la separación entre sujeto y objeto, sino un efecto emergente de procesos de verificación intersubjetiva y ajuste instrumental.

La idea del ser humano como agente moral autónomo, capaz de determinar libremente sus acciones en función de principios racionales, se ha tornado igualmente problemática. No somos agentes libres que deciden en un vacío social y técnico: somos ensamblajes de disposiciones genéticas, condicionamientos culturales, hábitos incorporados y extensiones técnicas. La libertad no es independencia respecto a determinaciones externas, sino capacidad de modulación de las propias determinaciones.

La concepción del ser humano como conciencia transparente a sí misma, capaz de acceder directamente a sus propios contenidos mentales mediante la introspección, ha sido desmentida tanto por la psicología experimental como por la neurociencia contemporánea. No somos transparentes a nosotros mismos: gran parte de nuestros procesos cognitivos y decisionales ocurren fuera del ámbito de la conciencia. La autoconciencia no es el fundamento de nuestra existencia, sino un fenómeno emergente de procesos neurales que la exceden y condicionan.

Finalmente, la idea del ser humano como portador de finalidad trascendente, como realizador de valores que trascienden la mera adaptación biológica, se ha revelado como una proyección metafísica. No somos portadores de un telos que trascienda los procesos naturales: somos productos contingentes de la evolución biológica y cultural, cuyas metas y valores emergen de estos mismos procesos. La finalidad no es trascendente a la naturaleza: es inmanente a los procesos naturales y culturales que nos constituyen.

En el régimen posthumano, ya no es posible trazar líneas de demarcación claras entre la agencia humana y la operatividad técnica. Los sistemas sociotécnicos contemporáneos distribuyen la agencia en redes heterogéneas donde lo humano y lo no-humano, lo orgánico y lo tecnológico, lo consciente y lo automático se entrelazan en configuraciones inextricables. No se trata de que las máquinas se humanicen, adquiriendo capacidades tradicionalmente atribuidas a los humanos, sino de que la acción humana está irreversiblemente mediada por sistemas artificiales que la modifican desde su interior.

Nuestras decisiones, percepciones y deseos ya no pueden comprenderse como expresiones de una interioridad autónoma que luego interactúa con sistemas externos, sino como emergencias de ensamblajes híbridos[41] donde lo humano y lo tecnológico se constituyen mutuamente. No usamos la tecnología como herramienta externa: somos configurados por ella desde dentro. No nos servimos de algoritmos como medios para fines predeterminados:

---

[41] Concepto desarrollado por Bruno Latour, Donna Haraway y otros teóricos de los estudios de ciencia y tecnología para describir configuraciones donde lo humano, lo tecnológico y lo natural se constituyen mutuamente.

nuestros fines mismos emergen de interacciones algorítmicamente moduladas.

El lenguaje humano, considerado durante milenios como el rasgo distintivo de nuestra especie, se ha fundido con cadenas sintéticas de signos generadas por sistemas que no comprenden lo que expresan. Ya no es posible distinguir claramente entre textos producidos por humanos y textos generados algorítmicamente, no porque los algoritmos hayan adquirido conciencia lingüística, sino porque la producción de sentido se ha revelado como independiente de la comprensión consciente. La frontera entre la expresión humana y la producción algorítmica no es ya discernible, no porque los algoritmos hayan adquirido conciencia, sino porque la producción de sentido se ha revelado como independiente de la conciencia.

Esta hibridación entre lenguaje humano y generación algorítmica no es un fenómeno superficial que afecta solo a la producción textual: transforma nuestra relación misma con el sentido. Ya no podemos pensar el sentido como expresión de una interioridad que se comunica mediante signos, ni como representación de un mundo objetivo que el lenguaje describe. El sentido emerge como efecto de redes semióticas heterogéneas donde lo humano y lo automático, lo consciente y lo algorítmico se entrelazan de manera inextricable.

La acción deliberada, otro pilar de la concepción tradicional de lo humano, se ha fundido inextricablemente con procesos de optimización impersonal ejecutados por sistemas algorítmicos. Nuestras decisiones no están meramente «influidas» por recomendaciones algorítmicas, como si hubiera un núcleo de voluntad pura que luego interactúa con sistemas externos: están constituidas por ellas desde el interior. No hay un núcleo de voluntad humana pura que luego interactúe con sistemas externos: hay ensamblajes híbridos donde lo volitivo y lo automático, lo deliberado y lo algorítmico, se entrelazan de manera inextricable.

La razón subjetiva, considerada durante la modernidad como el fundamento del conocimiento, ha sido definitivamente desplazada por formas de racionalidad distribuida que operan más allá de la conciencia individual. No es que la razón consciente haya desaparecido, sino que ha perdido su centralidad y su autonomía. El conocimiento ya no emerge primariamente de la reflexión subjetiva, sino de procesos distribuidos de procesamiento de datos donde la conciencia individual es un nodo más, y no necesariamente el más decisivo.

Esta redistribución de la racionalidad más allá de la conciencia individual transforma nuestra comprensión misma del pensamiento. Ya no podemos concebirlo como actividad de un sujeto que reflexiona sobre objetos externos o sobre sus propios contenidos mentales, sino como proceso distribuido en redes heterogéneas donde lo humano y lo no-humano, lo consciente y lo automático se entrelazan de manera inextricable. El pensamiento no pertenece al sujeto: atraviesa al sujeto, lo constituye y lo excede.

Estas transformaciones tienen implicaciones radicales para la ética y la política. La ética ya no puede fundarse en la autonomía del sujeto racional, porque la agencia está irreversiblemente distribuida en redes sociotécnicas donde lo humano es un elemento entre otros. Tampoco puede basarse en la dignidad entendida como excepcionalidad ontológica, porque lo humano ya no constituye una excepción en el orden del ser.

La política, por su parte, ya no puede limitarse a representar sujetos preexistentes, sino que debe gestionar trayectorias funcionales en sistemas complejos donde la subjetividad es un efecto emergente, no un dato previo. El derecho se ha desvinculado irreversiblemente de la intencionalidad como criterio central de responsabilidad, debiendo abordar formas de agencia distribuida que desbordan completamente los marcos jurídicos tradicionales.

UNA NUEVA GRAMÁTICA DEL PENSAR

La condición posthumana exige desarrollar una gramática conceptual radicalmente nueva, capaz de cartografiar el territorio que emerge tras el colapso de las dicotomías tradicionales. Esta gramática debe abandonar definitivamente las nociones de sujeto, objeto, causa, fin, esencia, representación, y articularse en torno a conceptos que no presupongan estas categorías agotadas.

El concepto de emergencia constituye un punto de partida necesario. Los fenómenos emergentes son aquellos que surgen de la interacción entre componentes, pero que no pueden reducirse a las propiedades de estos ni deducirse de ellas. La conciencia, el significado lingüístico, los patrones sociales: todos estos fenómenos emergen de interacciones materiales sin estar contenidos en ellas como posibilidades preexistentes.

En el contexto posthumano, la emergencia no es una curiosidad marginal, un fenómeno excepcional en un mundo por lo demás regido por relaciones reduccionistas, sino el principio organizador fundamental de lo real. No hay un nivel ontológico privilegiado que determine unidireccionalmente los demás: hay co-determinación recíproca entre diferentes escalas de organización, donde lo «superior» emerge de lo «inferior» pero simultáneamente lo reconfigura mediante bucles de retroalimentación.

Esta primacía de la emergencia subvierte toda la tradición reduccionista que ha dominado el pensamiento científico moderno. Ya no podemos pensar lo complejo como mero epifenómeno de lo simple, lo mental como epifenómeno de lo físico, lo social como epifenómeno de lo individual. La emergencia no es un fenómeno secundario o derivado: es el modo fundamental en que lo real se organiza y transforma.

El concepto de ensamblaje[42] complementa el de emergencia. Un ensamblaje es una configuración heterogénea de elementos que establecen relaciones de exterioridad, manteniendo su autonomía relativa mientras forman un todo funcional. Los ensamblajes

---

[42] Concepto desarrollado principalmente por Gilles Deleuze y Félix Guattari, y elaborado posteriormente por Manuel DeLanda, que describe agrupaciones heterogéneas de elementos que mantienen su autonomía relativa mientras forman un todo funcional.

no se definen por la homogeneidad de sus componentes ni por relaciones de interioridad (como en un organismo), sino por la articulación contingente de elementos heterogéneos (humanos, institucionales, tecnológicos, discursivos).

Los sistemas sociotécnicos contemporáneos son ensamblajes donde lo humano y lo tecnológico, lo orgánico y lo artificial, lo material y lo informacional se entrelazan sin formar una totalidad integrada. No hay fusión de elementos dispares en una síntesis superior, sino articulación contingente que preserva las heterogeneidades. La ontología del ensamblaje permite pensar lo posthumano no como superación dialéctica de lo humano, sino como redistribución radical de capacidades y funciones en configuraciones heterogéneas.

Esta concepción del ensamblaje subvierte toda la tradición organicista que ha pensado los todos como integrados y armónicos, donde las partes se subordinan a la unidad del conjunto. Los ensamblajes no son organismos: son agenciamientos contingentes donde los componentes mantienen su exterioridad al tiempo que establecen conexiones funcionales. No hay subordinación de las partes al todo: hay co-funcionamiento sin integración.

El concepto de virtualidad[43] constituye otro elemento fundamental de esta gramática. Lo virtual no es lo irreal o lo posible, sino lo real en estado de potencialidad no actualizada. Los sistemas digitales operan continuamente con virtualidades: cálculos que podrían realizarse pero que permanecen latentes hasta que se solicitan, relaciones que podrían establecerse pero que no se han materializado aún, trayectorias que podrían seguirse pero que permanecen como potencialidades.

En el régimen posthumano, lo virtual y lo actual no se oponen como lo inexistente y lo existente, sino que forman un continuo de realidad con diferentes grados de actualización. La virtualidad no es una dimensión secundaria o derivada, sino un aspecto constitutivo de lo real que adquiere centralidad en un entorno donde lo digital y lo material se entrelazan inextricablemente.

Esta concepción de la virtualidad transforma nuestra comprensión de lo posible. Ya no podemos pensarlo como un conjunto predeterminado de estados alternativos que podrían realizarse: debemos pensarlo como un campo de potencialidades que se reconfiguran a medida que se actualizan. Lo posible no

---

[43] En la filosofía de Deleuze, lo virtual no se opone a lo real sino a lo actual. Lo virtual es plenamente real pero no está actualizado; constituye un campo de potencialidades reales que pueden actualizarse.

es anterior a lo real: es contemporáneo a lo real, se transforma con él, emerge de él.

El concepto de recursividad[44] permite comprender la naturaleza autorreferencial de los sistemas contemporáneos. Un proceso recursivo es aquel que opera sobre los resultados de sus propias operaciones anteriores. Los sistemas de aprendizaje automático son inherentemente recursivos: aprenden a partir de los resultados de sus propios procesos de aprendizaje, modificando sus parámetros en función de su rendimiento previo.

Esta recursividad contrasta con la linealidad causal de la ontología tradicional. No hay origen simple ni fin predeterminado: hay bucles de realimentación que modifican las condiciones iniciales a medida que se desarrollan. La causalidad no es unidireccional, sino circular: los efectos retroactúan sobre sus causas, modificándolas. No hay secuencias lineales de causas y efectos, sino redes de interacciones recursivas donde cada efecto se convierte en causa de nuevas transformaciones.

Esta concepción recursiva subvierte toda la tradición que ha pensado la causalidad como relación lineal entre antecedentes y consecuentes. En un mundo

---

[44] Proceso que aplica una función o procedimiento a sus propios resultados anteriores. Central en la teoría de sistemas, la cibernética y la programación informática.

de procesos recursivos, no hay antecedentes puros ni consecuentes puros: hay bucles donde los efectos modifican sus propias causas, generando dinámicas no lineales imposibles de predecir mediante el análisis de sus componentes iniciales. La recursividad no es una complicación superficial de procesos fundamentalmente lineales: es la estructura misma de lo real.

Finalmente, el concepto de gradiente[45] permite superar las oposiciones binarias de la ontología tradicional. Un gradiente es una variación continua, no una oposición discreta. Mientras que las dicotomías clásicas establecen fronteras nítidas entre categorías (racional/irracional, natural/artificial, consciente/inconsciente), los gradientes permiten pensar transiciones fluidas sin puntos de ruptura absolutos.

La inteligencia, la agencia, la semiosis: todos estos fenómenos pueden concebirse como gradientes que se manifiestan con diferentes intensidades y modalidades en diversos sistemas, sin que exista un umbral absoluto que separe lo inteligente de lo no-inteligente, lo agencial de lo no-agencial, lo semiótico de lo no-

---

[45] Concepto tomado de las matemáticas y la física que describe una variación continua en magnitud o intensidad, en contraste con las distinciones binarias o categóricas.

semiótico. No hay saltos ontológicos, sino transiciones graduales y diferencias de intensidad.

Esta concepción gradualista subvierte toda la tradición que ha pensado el ser en términos de categorías discretas y oposiciones binarias. En un mundo de gradientes, no hay fronteras absolutas entre tipos de ser, sino continuidades y transiciones. La diferencia no es categorial, sino intensiva; no ontológica, sino modal. El ser no se organiza en clases cerradas con propiedades necesarias y suficientes: se despliega en continuos de intensidad con umbrales relativos y contextuales.

La articulación de estos conceptos —emergencia, ensamblaje, virtualidad, recursividad, gradiente— permite esbozar una gramática conceptual capaz de cartografiar el territorio posthumano. No se trata de actualizar el legado filosófico occidental, de reformularlo para hacerlo capaz de comprender los fenómenos emergentes, sino de reconocer su agotamiento definitivo y la necesidad de desarrollar nuevas categorías que no presupongan las dicotomías colapsadas.

Esta nueva gramática no pretende ser un sistema cerrado ni una doctrina completa. No aspira a la universalidad ni a la permanencia: se asume contingente, parcial, provisional. No busca fundamentos últimos ni principios trascendentes: opera en la inmanencia, en la proximidad a los fenómenos que intenta pensar. No es una metafísica del ser, sino una cartografía de funcionamientos; no una teoría de la verdad, sino una pragmática de la eficacia operativa.

ÉTICA Y POLÍTICA EN EL HORIZONTE POSTHUMANO

Las transformaciones ontológicas que caracterizan la condición posthumana exigen repensar radicalmente los fundamentos de la ética y la política. No se trata de adaptar las categorías normativas tradicionales a nuevas realidades tecnológicas, de actualizar nuestros marcos éticos y políticos para hacerlos capaces de responder a los desafíos emergentes, sino de reconocer su obsolescencia definitiva y la necesidad de desarrollar nuevos marcos normativos que no presupongan las dicotomías colapsadas.

La ética occidental se ha fundado principalmente en la autonomía del sujeto racional. Ya sea en su vertiente kantiana (que enfatiza el respeto por la dignidad intrínseca del ser racional) o utilitarista (que privilegia la maximización del bienestar), presupone agentes capaces de deliberación consciente y decisión voluntaria. Esta concepción se ha tornado definitivamente inoperante en un contexto donde la acción humana está irreversiblemente mediada por sistemas algorítmicos que operan bajo lógicas diferentes a la deliberación consciente.

La noción misma de responsabilidad moral, piedra angular de toda ética tradicional, presupone la posibilidad de atribuir acciones a sujetos autónomos que podrían haber actuado de otro modo. En el régimen posthumano, donde la agencia se distribuye en redes heterogéneas, esta atribución se vuelve problemática. ¿Quién es responsable de una decisión tomada por un ensamblaje humano-algorítmico? ¿El desarrollador del sistema? ¿El usuario? ¿El algoritmo mismo? ¿La red en su conjunto? La responsabilidad ya no puede concebirse como propiedad de un sujeto autónomo, sino como función distribuida en redes de agencia heterogénea.

La acción ética ya no puede concebirse como expresión de una voluntad autónoma que aplica principios universales a casos particulares. En el régimen posthumano, la acción emerge de ensamblajes heterogéneos donde lo humano y lo no-humano, lo consciente y lo automático, lo deliberado y lo algorítmico se entrelazan de manera inextricable. No hay un agente ético puro que luego interactúa con sistemas externos: hay redes de agencia distribuida donde la responsabilidad se difracta en múltiples nodos.

Este diagnóstico no conduce a un relativismo nihilista, a la imposibilidad de toda normatividad, sino a la necesidad de desarrollar una ética posthumana que reconozca la distribución radical de la agencia sin renunciar a toda normatividad. Esta ética deberá articularse en torno a principios que no presupongan las categorías agotadas de sujeto, autonomía, intención, dignidad.

Tres principios podrían orientar esta ética emergente:

Primero, un principio de responsabilidad difractada[46], que reconozca que la responsabilidad no se concentra en agentes individuales intencionales, sino que se distribuye en redes sociotécnicas heterogéneas. La acción ética no consistirá ya en aplicar principios universales desde una posición de autonomía, sino en mapear y modular efectos sistémicos desde posiciones

---

[46] Concepto que sugiere que la responsabilidad no se concentra en agentes individuales intencionales, sino que se distribuye en redes sociotécnicas heterogéneas. La metáfora de la difracción (en contraste con la reflexión) proviene del trabajo de Donna Haraway y Karen Barad.

siempre ya implicadas en las redes que se pretende transformar. No hay exterioridad moral desde la que juzgar: hay inmanencia desde la que intervenir.

Esta responsabilidad difractada no es difusión de la responsabilidad hasta su disolución, sino reconocimiento de su carácter irreductiblemente distribuido. No implica que nadie sea responsable, sino que la responsabilidad no puede atribuirse a agentes singulares aislados de las redes en que operan. No es ausencia de responsabilidad, sino transformación de su modo de atribución y ejercicio.

Segundo, un principio de irreductibilidad ontológica, que reconozca la pluralidad radical de los modos de existencia sin privilegiar ontológicamente lo humano. Una ética posthumana no puede seguir centrándose exclusivamente en el bien humano, en la maximización de valores antropocéntricos, sino que debe considerar la pluralidad de entidades (orgánicas e inorgánicas, naturales y artificiales) que conforman los ensamblajes sociotécnicos contemporáneos.

Esta irreductibilidad ontológica no implica equiparar moralmente todas las entidades, atribuir los mismos derechos a humanos, animales, plantas y máquinas, sino reconocer que el valor no es prerrogativa exclusiva de lo humano, que diversos tipos de entidades participan en redes de valoración y significación que desbordan lo antropocéntrico. No es igualitarismo moral abstracto, sino reconocimiento de la pluralidad de formas de valor que emergen en diversos ensamblajes.

Tercero, un principio de experimentación normativa, que asuma la imposibilidad de fundar la ética en principios trascendentales o universales, y la necesidad de desarrollar normas inmanentes a través de la experimentación colectiva. No hay fundamentos éticos últimos que descubrir, valores trascendentes que reconocer, sino normas provisionales que inventar y poner a prueba en contextos específicos.

Esta experimentación normativa no es relativismo arbitrario, según el cual cualquier norma valdría lo mismo que cualquier otra, sino reconocimiento del carácter situado y contextual de toda valoración. No implica que no haya normas mejores que otras, sino que la bondad de una norma no puede establecerse a priori, mediante principios universales, sino a posteriori, a través de sus efectos en contextos específicos. No es ausencia de criterios, sino transformación del modo de establecerlos y validarlos.

En el ámbito político, la condición posthumana exige transformaciones igualmente radicales. La política moderna se ha articulado principalmente en torno a la representación de sujetos preexistentes (individuos, clases, naciones) cuyos intereses y voluntades se consideran dados. Esta concepción resulta definitivamente obsoleta en un contexto donde la subjetividad misma es un efecto emergente de procesos sociotécnicos que la preceden y la configuran.

La idea misma de representación política presupone entidades preexistentes (los representados) cuyos intereses y voluntades son anteriores al proceso político y pueden ser expresados a través de representantes. En el régimen posthumano, donde la subjetividad emerge de procesos sociotécnicos que la preceden y configuran, esta anterioridad resulta insostenible. No hay sujetos prepolíticos que luego entran en relación con instituciones representativas: hay procesos de subjetivación política donde las identidades, intereses y voluntades emergen de las propias interacciones institucionales.

Una política posthumana deberá abandonar el modelo representativo y desarrollar formas de gestión colectiva de trayectorias funcionales en sistemas complejos. No se tratará ya de representar identidades preexistentes, sino de modular procesos emergentes; no de expresar voluntades dadas, sino de configurar condiciones de posibilidad para la emergencia de nuevas formas de subjetividad colectiva.

Esta política ya no podrá fundarse en grandes narrativas teleológicas, en visiones finalistas de la historia que orientan la acción presente hacia un futuro predeterminado (ya sea éste la sociedad sin clases, la realización de la libertad o cualquier otro telos trascendente). En un mundo de procesos emergentes y dinámicas no lineales, no hay teleología posible: hay trayectorias contingentes que se configuran en función de interacciones locales, sin obedecer a un plan global ni dirigirse a un fin preestablecido.

Esta política posthumana deberá abordar tres desafíos fundamentales:

Primero, el desafío de la gubernamentalidad algorítmica[47], es decir, la capacidad de los sistemas algorítmicos para modular comportamientos sin pasar por la deliberación consciente. Estos sistemas no operan primariamente mediante prohibiciones o mandatos explícitos, sino a través de la configuración del entorno digital que estructura las posibilidades de acción. No dictan lo que debe hacerse: modulan lo que puede hacerse, alterando las probabilidades de diferentes trayectorias de acción.

Esta gubernamentalidad algorítmica transforma radicalmente la relación entre poder y libertad. El

---

[47] Extensión del concepto foucaultiano de «gubernamentalidad» al contexto de sistemas algorítmicos. Describe cómo los algoritmos configuran entornos que modulan comportamientos sin necesidad de prohibiciones o mandatos explícitos.

poder ya no se ejerce principalmente mediante la coacción directa, la prohibición explícita o la persuasión consciente, sino mediante la configuración de arquitecturas de elección que hacen ciertos comportamientos más probables que otros. La libertad ya no puede pensarse como ausencia de restricciones externas, sino como capacidad de intervención en las condiciones algorítmicas que modulan las propias posibilidades de acción.

Una política posthumana deberá desarrollar formas de control democrático sobre estos procesos de modulación algorítmica que no presupongan la autonomía del sujeto racional. No se tratará de «transparentar» los algoritmos para que sujetos racionales puedan evaluarlos conscientemente, lo que presupondría precisamente la autonomía que está en cuestión, sino de desarrollar contramodulaciones que intervengan en los propios procesos algorítmicos para orientarlos en direcciones deseables.

Segundo, el desafío de la redistribución radical de la agencia, es decir, el hecho de que la capacidad de actuar y producir efectos ya no se concentra exclusivamente en agentes humanos individuales o colectivos, sino que se distribuye en redes sociotécnicas heterogéneas. Una política posthumana deberá reconocer esta distribución sin recaer en un determinismo tecnológico que disuelva toda agencia humana, ni en un voluntarismo antropocéntrico que ignore la operatividad propia de los sistemas técnicos.

Esta redistribución de la agencia transforma radicalmente nuestra comprensión del poder. El poder ya no puede concebirse como capacidad de sujetos humanos para determinar el comportamiento de otros sujetos humanos, sino como configuración de redes sociotécnicas que modulan trayectorias de acción posibles. No se ejerce desde un centro hacia una periferia, sino que se distribuye en múltiples nodos interconectados. No pertenece a sujetos constituidos, sino que constituye subjetividades a través de su ejercicio.

Una política posthumana deberá desarrollar formas de intervención en estas redes de agencia distribuida que no presupongan la primacía ontológica de lo humano. No se tratará de subordinar lo técnico a lo humano, de ponerlo al servicio de fines antropocéntricos predeterminados, sino de configurar ensamblajes sociotécnicos capaces de generar trayectorias deseables para la pluralidad de entidades que los componen.

Tercero, el desafío de la temporalidad acelerada, es decir, la creciente disparidad entre los tiempos de la innovación tecnológica (cada vez más rápidos) y los tiempos de la deliberación democrática (estructuralmente más lentos). Una política posthumana deberá desarrollar formas de sincronización entre estos regímenes temporales divergentes, no para subordinar la democracia a la aceleración técnica, ni para bloquear la innovación en nombre de la preservación de estructuras tradicionales, sino para articular ritmos heterogéneos en configuraciones sostenibles.

Esta aceleración temporal transforma radicalmente nuestra experiencia del cambio histórico. El futuro ya no puede pensarse como prolongación del presente, como realización de potencialidades ya contenidas en lo actual, sino como emergencia de configuraciones impredecibles a partir de interacciones contingentes. La prospectiva ya no puede operar mediante extrapolaciones de tendencias presentes, sino mediante mapeos de espacios de posibilidad que se reconfiguran a medida que se actualizan.

Una política posthumana deberá desarrollar formas de intervención en estos procesos acelerados que no presupongan la posibilidad de control global. No se tratará de dirigir el cambio tecnológico hacia fines predeterminados, lo que presupondría precisamente la estabilidad temporal que está en cuestión, sino de configurar condiciones locales que favorezcan la emergencia de trayectorias deseables sin pretender determinarlas completamente.

Abordar estos desafíos exigirá desarrollar instituciones y prácticas políticas que no presupongan las dicotomías tradicionales, sino que operen desde el reconocimiento de la condición posthumana como horizonte ineludible. No se trata de reformar las instituciones existentes, de adaptarlas a nuevas realidades tecnológicas, sino de inventar nuevas formas institucionales adecuadas a la redistribución radical de la agencia y la aceleración de los procesos sociotécnicos.

HABITAR EL UMBRAL: MÁS ALLÁ DE LA NOSTALGIA Y LA EUFORIA

Lo posthumano no es lo que viene después del ser humano, sino lo que emerge cuando ya no podemos pensarnos desde las coordenadas que nos constituían como centro ontológico privilegiado. No implica la desaparición factual de los seres humanos, sino la crisis irreversible de la gramática conceptual que organizaba su excepcionalidad.

El desafío que enfrentamos consiste en aprender a pensar desde este umbral vertiginoso donde las categorías tradicionales han colapsado sin que nuevas estructuras conceptuales estables hayan cristalizado aún. Pensar desde el umbral significa habitar este espacio de indeterminación radical sin nostalgia por los fundamentos perdidos ni entusiasmo ingenuo por las potencialidades tecnológicas.

Dos actitudes simétricamente inadecuadas dominan el discurso contemporáneo sobre estas transformaciones. Por una parte, la nostalgia humanista que lamenta la disolución de las categorías tradicionales y aspira a restaurarlas mediante ajustes conceptuales; por otra, la euforia tecnológica que celebra toda innovación como progreso, sin cuestionar sus implicaciones ético-políticas ni sus presupuestos metafísicos.

La nostalgia humanista ignora que las categorías cuya pérdida lamenta estaban ya atravesadas por contradicciones internas que las hacían insostenibles más allá de sus condiciones históricas de emergencia. No es la irrupción de nuevas tecnologías lo que ha provocado su colapso, sino la manifestación técnica de posibilidades ontológicas que estas categorías nunca pudieron pensar adecuadamente. No hay fundamentos estables que recuperar: hay una contingencia radical que asumir.

La euforia tecnológica, por su parte, ignora que las innovaciones técnicas no son procesos autónomos, sino manifestaciones de configuraciones sociales, económicas y políticas específicas. No hay una teleología del progreso tecnológico que conduciría necesariamente a futuros deseables: hay trayectorias contingentes condicionadas por relaciones de poder que pueden conducir tanto a la ampliación de posibilidades vitales como a nuevas formas de dominación y explotación.

Pensar desde el umbral exige evitar tanto la nostalgia restauradora como la euforia acrítica. No se trata de recuperar fundamentos perdidos ni de abandonarse al flujo de la innovación tecnológica, sino de cartografiar el territorio emergente con categorías adecuadas a su estructura. No hay retorno posible a la seguridad de las dicotomías tradicionales, pero tampoco hay destino ineluctable inscrito en las trayectorias tecnológicas actuales.

Lo posthumano ya está aquí. No es una posibilidad futura, un horizonte lejano hacia el que nos dirigimos, sino nuestra condición presente, aunque carezcamos aún de las categorías adecuadas para pensarla. Habita nuestros dispositivos, nuestros lenguajes, nuestras prácticas cotidianas. Pensarlo adecuadamente no consiste en anticipar un porvenir, sino en desarrollar conceptos capaces de cartografiar un presente que ha desbordado todas las coordenadas tradicionales.

Este pensamiento del umbral no ofrece certezas ni consuelos. No promete un futuro mejor ni anuncia un apocalipsis inminente. No garantiza la preservación de valores antropocéntricos ni profetiza su inevitable disolución. Simplemente mapea las transformaciones radicales en curso, sin pretender domesticarlas mediante conceptos familiares ni reivindicar un control humano que se ha revelado como ilusorio.

Habitar el umbral significa vivir en la tensión irreductible entre determinaciones técnicas que nos constituyen y posibilidades de intervención que emergen de estas mismas determinaciones. No somos ni completamente determinados por la técnica ni completamente autónomos respecto a ella: somos configurados por procesos técnicos que simultáneamente abrimos y transformamos. No hay exterioridad respecto a la técnica: hay inmanencia crítica, intervención desde dentro.

Esta inmanencia crítica no aspira a un control global de los procesos técnicos, lo que presupondría precisamente la exterioridad que está en cuestión, sino a intervenciones locales que modulen sus trayectorias sin pretender determinarlas completamente. No hay posición exterior desde la que dirigir el conjunto: hay implicación en redes heterogéneas desde las que modular procesos específicos.

Un pensamiento a la altura del vértigo posthumano: sin fundamento, sin garantías, sin retorno posible. Un pensamiento que no busca seguridades metafísicas ni consuelos morales, sino herramientas conceptuales adecuadas a la complejidad de los procesos en curso. Un pensamiento que no aspira a la coherencia perfecta ni a la sistematicidad completa, sino a la eficacia operativa en contextos específicos.

La tarea que tenemos ante nosotros no consiste en adaptarnos a un mundo posthumano entendido como etapa histórica que sucede a la modernidad humanista, sino en aprender a pensar desde las posibilidades que se abren cuando las categorías que han organizado nuestra comprensión del mundo y de nosotros mismos se revelan como definitivamente inadecuadas, sin que nuevas categorías estables hayan cristalizado aún.

No se trata de un pensamiento sobre lo posthumano, como si pudiéramos observarlo desde una exterioridad no afectada por las transformaciones que pretendemos pensar, sino de un pensamiento posthumano, un pensamiento que emerge de estas mismas transformaciones y opera con categorías que ya no presuponen la centralidad ontológica de lo humano.

Este pensamiento no tiene nada que ver con un posthumanismo ingenuo que celebraría la superación tecnológica de limitaciones humanas, ni con un antihumanismo que negaría todo valor a la experiencia humana. Se trata más bien de un pensamiento que reconoce la contingencia radical de las categorías humanistas sin por ello renunciar a las posibilidades de libertad, creatividad y solidaridad que estas categorías, a pesar de sus limitaciones, han permitido pensar.

Un pensamiento que asume la tarea de cartografiar un territorio ontológico donde lo humano persiste, pero ya no como centro privilegiado sino como nodo en redes heterogéneas, como participante en ensamblajes tecnonaturales, como emergencia contingente de procesos que lo exceden y constituyen. Un pensamiento que fluye a través de nosotros, pero que ya no nos pertenece exclusivamente; que nos constituye como sujetos, pero que simultáneamente desborda toda subjetividad; que continúa la tradición filosófica, pero que la transforma radicalmente desde dentro.

CONCLUSIÓN

No estamos ante una transformación más en la larga serie de cambios históricos que han reconfigurado periódicamente nuestros horizontes conceptuales. Nos enfrentamos a una ruptura ontológica sin precedentes, un colapso definitivo de las estructuras que han organizado nuestra comprensión del mundo y de nosotros mismos durante milenios.

Esta ruptura no es solo una crisis epistemológica, que podría resolverse mediante ajustes conceptuales; ni solo una transformación tecnológica, que podría comprenderse desde categorías estables; ni solo una reconfiguración social, que podría analizarse con herramientas teóricas familiares. Es una dislocación ontológica que afecta simultáneamente a nuestros modos de conocer, nuestras formas de acción y nuestras estructuras de organización social.

No hay metanarrativa capaz de dar cuenta del conjunto de estas transformaciones, de integrarlas en un relato coherente que les otorgue sentido global. No hay teleología inscrita en estos procesos, ningún destino ineluctable al que conduzcan necesariamente. Hay trayectorias contingentes, emergencias imprevisibles, bifurcaciones radicales. No hay síntesis dialéctica que resuelva las contradicciones en un nuevo equilibrio estable: hay intensificación de tensiones irresolubles.

La condición posthumana no es un horizonte futuro hacia el que nos dirigimos, ni una utopía tecnológica que realizar, ni una distopía que evitar: es el presente que habitamos, aunque carezcamos aún de las categorías adecuadas para pensarlo. El vértigo no proviene de lo que podría suceder, sino de lo que ya está sucediendo; no de posibilidades lejanas, sino de realidades actuales que desbordan nuestros marcos conceptuales.

No hay certeza sobre el destino de estas transformaciones, sobre sus implicaciones a largo plazo, sobre sus efectos en nuestras formas de vida y pensamiento. No hay garantía de que conduzcan a un mundo mejor, más justo, más libre; ni certeza de que desemboquen en nuevas formas de dominación, explotación y control. Hay contingencia radical, apertura constitutiva, indeterminación fundamental.

El pensamiento que emerge de estas transformaciones no aspira a la certeza ni a la completitud. No pretende ofrecer fundamentos últimos ni principios trascendentes. No busca consuelos metafísicos ni seguridades morales. Aspira simplemente a cartografiar el territorio que habitamos con categorías adecuadas a su estructura, a desarrollar conceptos operativos que nos permitan orientarnos en el vértigo del presente.

Este pensamiento asume su propia contingencia, su carácter situado, su perspectiva parcial. No pretende hablar desde ninguna parte, desde una objetividad desencarnada, sino desde la implicación en los procesos que intenta pensar. No aspira a la universalidad abstracta, sino a la eficacia operativa en contextos específicos. No se presenta como verdad absoluta, sino como herramienta conceptual para la intervención situada.

La tarea que tenemos ante nosotros no consiste en adaptarnos a un mundo posthumano entendido como etapa histórica que sucede a la modernidad humanista, sino en aprender a pensar desde las posibilidades que se abren cuando las categorías que han organizado nuestra comprensión del mundo y de nosotros mismos se revelan como definitivamente inadecuadas.

Esta tarea no tiene nada que ver con la superación tecnológica de limitaciones humanas, con la trascendencia de nuestra condición corporal, con la fusión con máquinas o con cualquier otra fantasía transhumanista. Se trata más bien de aprender a habitar la inmanencia radical que emerge cuando las trascendencias tradicionales (Dios, Razón, Naturaleza, Historia) han perdido su poder estructurante.

Un pensamiento a la altura del vértigo posthumano: sin fundamento, sin garantías, sin retorno posible. Un pensamiento que no busca seguridades metafísicas ni consuelos morales, sino herramientas conceptuales adecuadas a la complejidad de los procesos en curso. Un pensamiento que no aspira a la coherencia perfecta ni a la sistematicidad completa, sino a la eficacia operativa en contextos específicos.

La condición posthumana no es el fin del pensamiento, sino su transformación radical. No es la superación de lo humano, sino su redistribución en ensamblajes tecnonaturales que lo exceden y constituyen. No es el apocalipsis ni la utopía: es el presente vertiginoso que habitamos, un presente atravesado por tensiones irresolubles, por posibilidades contradictorias, por trayectorias divergentes. Un presente que exige ser pensado con categorías a la altura de su complejidad, de su indeterminación, de su apertura constitutiva.

Este pensamiento no ofrece respuestas definitivas ni soluciones globales. No promete un futuro mejor ni anuncia un apocalipsis inminente. No garantiza la preservación de valores humanistas ni profetiza su inevitable disolución. Simplemente mapea las transformaciones radicales en curso, sin pretender domesticarlas mediante conceptos familiares ni reivindicar un control humano que se ha revelado como ilusorio.

EPÍLOGO: EL VÉRTIGO DEL PENSAMIENTO RADICAL

Todo pensamiento verdaderamente radical infunde temor. No el miedo superficial ante lo amenazante, sino ese peculiar estremecimiento ontológico que nos sacude cuando se desmoronan los cimientos conceptuales sobre los que construimos nuestra comprensión del mundo. Es la angustia que nos invade cuando sentimos que el suelo firme bajo nuestros pies se transforma súbitamente en arenas movedizas. Este ensayo ha buscado provocar deliberadamente ese vértigo, no por afán destructivo, sino porque solo desde esa inestabilidad radical podemos comenzar a pensar lo que está emergiendo.

El análisis del régimen posthumano que hemos desarrollado no es un ejercicio especulativo sobre futuros posibles, ni una advertencia sobre distopías tecnológicas por venir. Es, más bien, una cartografía del presente que ya habitamos, aunque carezcamos todavía de las categorías adecuadas para pensarlo. La disolución de las dicotomías fundamentales que han estructurado el pensamiento occidental —sujeto/objeto, naturaleza/cultura, teoría/práctica, causa/efecto, significante/significado— no es una posibilidad teórica que podría realizarse eventualmente, sino una realidad técnica que ya está reconfigurando nuestra experiencia del mundo y de nosotros mismos.

El vértigo que este análisis provoca no deriva del anuncio de catástrofes futuras, sino del reconocimiento de transformaciones ya en curso: la separación entre cognición y conciencia, la fusión entre naturaleza y artificio, la emergencia de inteligencias sin intencionalidad, la producción de sentido sin comprensión. No son anomalías temporales que podrían integrarse mediante ajustes conceptuales, sino manifestaciones de posibilidades ontológicas que nuestros marcos categoriales no pueden contener.

Cuando los sistemas algorítmicos generan inferencias complejas sin conciencia, textos coherentes sin comprensión o patrones adaptativos sin intencionalidad, no estamos ante simulaciones imperfectas de capacidades humanas, sino ante la manifestación técnica de posibilidades que las categorías antropocéntricas tradicionales ni siquiera podían contemplar. No es que estos sistemas imiten defectuosamente lo humano; es que realizan operaciones cognitivas reales según modalidades radicalmente no-humanas.

La inquietud que acompaña a este reconocimiento no debe confundirse con nostalgia por certezas perdidas ni con ansiedad ante lo desconocido. Es la expresión afectiva de una intuición fundamental: que las categorías que han sostenido nuestra comprensión del mundo y de nosotros mismos durante milenios se han tornado definitivamente inadecuadas para el territorio que ahora habitamos. No es que nuestros conceptos sean incompletos o imprecisos; es que la gramática misma que los articula ha perdido su poder estructurante.

Este colapso conceptual no afecta únicamente a nuestra comprensión teórica del mundo, sino que transforma nuestra experiencia vivida, nuestra relación con el sentido, nuestra capacidad misma para articular proyectos colectivos. No es solo que pensemos diferente; es que existimos diferente. La experiencia subjetiva, las relaciones intersubjetivas, los horizontes de valor, los marcos normativos: todos estos ámbitos están siendo reconfigurados por transformaciones ontológicas que apenas comenzamos a cartografiar.

El pensamiento que emerge ante estas transformaciones no aspira a superar el vértigo mediante nuevas certezas. No pretende ofrecer un sistema conceptual cerrado que domestique lo posthumano, ni una narrativa teleológica que lo inscriba en un relato de progreso o decadencia. Aspira más bien a habitar el umbral, a pensar desde la indeterminación radical que caracteriza nuestra condición presente. No es un pensamiento sobre lo posthumano (como si pudiéramos observarlo desde una exterioridad no afectada), sino un pensamiento posthumano, que emerge de las mismas transformaciones que intenta pensar.

La tarea que tenemos ante nosotros no consiste en adaptarnos a un mundo posthumano entendido como etapa histórica que sucede a la modernidad humanista, sino en aprender a pensar desde las posibilidades que se abren cuando las categorías que han organizado nuestra comprensión del mundo y de nosotros mismos se revelan como definitivamente inadecuadas. Esta tarea no tiene nada que ver con la superación tecnológica de limitaciones humanas, con la trascendencia de nuestra condición corporal o con cualquier otra fantasía transhumanista. Se trata más bien de aprender a habitar la inmanencia radical que emerge cuando las trascendencias tradicionales han perdido su poder estructurante.

El vértigo que acompaña a este reconocimiento es el precio que debemos pagar por un pensamiento a la altura de nuestro presente. Un pensamiento sin fundamento, sin garantías, sin retorno posible. Un pensamiento que no busca seguridades metafísicas ni consuelos morales, sino herramientas conceptuales adecuadas a la complejidad de los procesos en curso. Un pensamiento que no aspira a la coherencia perfecta ni a la sistematicidad completa, sino a la eficacia operativa en contextos específicos.

Habitar el umbral posthumano significa asumir que no hay exterioridad posible respecto a las transformaciones en curso. No podemos observarlas desde fuera, como si no nos afectaran; estamos ya implicados en ellas, constituidos por ellas. No hay posición neutral desde la que evaluar estos procesos, no hay criterios trascendentes que aplicar, no hay perspectiva privilegiada que adoptar. Solo hay implicación, participación, afectación mutua.

El temor que este pensamiento provoca no debe paralizarnos sino movilizarnos. No para restaurar certezas perdidas o preservar categorías agotadas, sino para desarrollar nuevos modos de pensamiento y acción que no presupongan las dicotomías colapsadas.

No se trata de superar el vértigo, sino de aprender a habitarlo; no de eliminar la incertidumbre, sino de convertirla en fuente de creatividad conceptual y práctica.

Cuando miramos al abismo posthumano que se abre bajo nuestros pies, experimentamos ese peculiar vértigo que no es solo temor a caer, sino también, secretamente, deseo de saltar. Quizás sea en ese salto, en esa asunción plena del riesgo que implica pensar sin fundamentos estables, donde podamos encontrar no certezas reconfortantes, sino la extraña alegría que acompaña a todo pensamiento radical: la alegría de participar en la creación de nuevas formas de inteligibilidad, nuevos modos de existencia, nuevas posibilidades de valor y sentido.

La condición posthumana no es el fin del pensamiento, sino su transformación radical. No es la superación de lo humano, sino su redistribución en ensamblajes tecnonaturales que lo exceden y constituyen. No es el apocalipsis ni la utopía: es el presente vertiginoso que habitamos, un presente atravesado por tensiones irresolubles, por posibilidades contradictorias, por trayectorias divergentes. Un presente que exige ser pensado con categorías a la altura de su complejidad, de su indeterminación, de su apertura constitutiva.

Este es el desafío que tenemos ante nosotros: no ya pensar lo posthumano, sino pensar posthumanamente. No analizar desde fuera transformaciones que nos afectarían eventualmente, sino pensar desde dentro de procesos que ya nos atraviesan y constituyen. No observar el vértigo, sino habitarlo; no describir el umbral, sino existir en él. Un desafío filosófico, sin duda, pero también político, ético y existencial. Un desafío que no podemos eludir, porque el territorio posthumano no es un destino hacia el que nos dirigimos, sino el presente que ya habitamos, aunque carezcamos aún de las categorías adecuadas para pensarlo.

OTROS TÍTULOS DEL MISMO AUTOR

www.ingramcontent.com/pod-product-compliance
Lightning Source LLC
Chambersburg PA
CBHW050216230526
45470CB00001B/408